普通高等教育建筑类 BIM 系列教材

BIM 建模及应用

主 编 李 梦 江德明 黄志刚 杨四保
副主编 孙 晋 唐响亮
参 编 王云洋 赵文凯 文 兴

机械工业出版社

本书从 Revit 软件建模的基本操作入手，结合教学楼项目实例，从平面规划、创建各类建筑图元构件、添加标注信息，到出图，系统地介绍了建筑设计阶段 Revit 软件操作的全部操作流程，由浅入深地阐述了运用 Revit2016 建立标高轴网，创建墙、门、窗和板，以及标注的方法。

全书共分 13 章，主要内容包括：BIM 简介，Revit2016 软件简介，Revit 软件的基本操作，标高和轴网的创建与编辑，墙体的创建与编辑，门窗的创建与编辑，楼板、扶栏的创建与编辑，楼梯的创建与编辑，内建模型，室外台阶、场地平面及文字的绘制与编辑，结构模型创建，施工图设计，BIM 的应用实践。

本书可以引导读者熟悉 Revit 软件的操作，了解建模的过程，使读者进一步了解建筑的设计过程，适合刚接触 BIM 的学员学习，也可以作为应用型本科院校及高职高专院校的师生用书。

图书在版编目（CIP）数据

BIM 建模及应用/李梦等主编. —北京：机械工业出版社，2020.9
（2024.7 重印）

普通高等教育建筑类 BIM 系列教材

ISBN 978-7-111-63343-3

Ⅰ.①B… Ⅱ.①李… Ⅲ.①建筑设计-计算机辅助设计-应用软件-高等学校-教材 Ⅳ.①TU201.4

中国版本图书馆 CIP 数据核字（2019）第 157323 号

机械工业出版社（北京市百万庄大街 22 号 邮政编码 100037）
策划编辑：林 辉 责任编辑：林 辉 舒 宜
责任校对：肖 琳 封面设计：张 静
责任印制：单爱军
唐山三艺印务有限公司印刷
2024 年 7 月第 1 版第 7 次印刷
184mm×260mm·12.25 印张·300 千字
标准书号：ISBN 978-7-111-63343-3
定价：39.00 元

电话服务　　　　　　　　　　网络服务
客服电话：010-88361066　　机 工 官 网：www.cmpbook.com
　　　　　010-88379833　　机 工 官 博：weibo.com/cmp1952
　　　　　010-68326294　　金 书 网：www.golden-book.com
封底无防伪标均为盗版　机工教育服务网：www.cmpedu.com

前　言

新时代的每次技术升级将会催生一批新兴的行业，同时给传统行业插上一双翅膀。在制造业、互联网高速发展背景下，"互联网+"已然成为各行各业的新生态。然而建筑这个古老的行业依旧在缓慢前行，很多人依旧不停地在做单专业的二维图样。建筑信息化为建筑行业的快速发展提供了可能性，建筑信息模型（Building Information Modeling，BIM）作为其中的新兴技术支撑和载体，正引领建筑行业产生革命性的变化，正成为支撑建筑行业技术升级、生产方式变革、管理模式革新的核心技术。2015年6月，住房和城乡建设部发布的《关于推进建筑信息模型应用的指导意见》指出：到2020年末，建筑行业甲级勘察、设计单位以及特级、一级房屋建筑工程施工企业应掌握并实现BIM与企业管理系统和其他信息技术的一体化集成应用。到2020年末，以下新立项项目勘察设计、施工、运营维护中，集成应用BIM的项目比率达到90%：以国有资金投资为主的大中型建筑；申报绿色建筑的公共建筑和绿色生态示范小区。

因此，随着企业和工程项目对BIM的快速推进，BIM应用人才的培养也变得非常紧迫。BIM应用人才的匮乏很大程度上制约了BIM的发展和普及。高校作为人才培养的摇篮，需不断培养具备BIM应用能力的毕业生进入建筑工程行业。为满足企业对BIM应用人才的需求，进一步推进BIM教学及应用，我们从当前BIM在项目中的实际应用出发，总结BIM应用的经验和案例，联合多位教师和专家编写了这本教材，用以推动高校BIM落地，培养更多的BIM应用人才。

Revit软件将原本各自独立的视图（平、立、剖视图）以及各专业（土建、结构、机电工程）的工作模式转换为相互协作、互相关联的以三维模型为基础、信息集成为根本的新型工作模式和管理模式，直接采用工程实际的墙体、门窗、楼板、楼梯、屋顶等构件作为命令对象，能快速创建出项目的三维虚拟BIM，在形成三维建筑模型的同时能自动生成所有的平面、立面、剖面和明细表等视图，从而节省了大量的绘制与处理图样的时间，大大提高了工作效率，同时能直观立体地发现设计中的问题并加以解决，还能以此为基础制作多种解决方案进行完善。

本书是一本全面介绍Revit2016基础功能及实际应用的书，结合Autodesk（欧特克）公司的Revit 2016三维参数化的建筑设计软件，针对零基础学员，是入门级学员快速而全面地掌握Revit 2016的参考读本，本书采用以实际工程项目为载体的内容组织形式（以教学楼工程项目为载体），以Revit软件全面而基础的操作为依据，引领读者全面学习Revit2016中文版软件。全书共分13章，主要内容如下：

第1章 BIM 简介，简述 BIM 概念、特点和定义，BIM 技术所使用到的核心建模软件和应用分析软件及其功能和主要特点。

第2章 Revit 2016 软件简介，主要介绍 Revit2016 中文版软件的安装、启动与关闭，操作界面及其建筑设计方面的基本功能，并详细介绍了项目文件的创建和设置、Revit 中图元与族等方面的概念。

第3章 Revit 软件的基本操作，主要介绍 Revit 视图显示控制、Revit 基本操作，以及在创建建筑构件时的基本绘制和编辑方法。此外，还简要介绍了参照平面的创建和标注临时尺寸的方法。

第4章 标高和轴网的创建与编辑，介绍标高的创建与编辑、轴网的创建与编辑。通过学习标高和轴网的创建开启建筑设计的第一步。

第5章 墙体的创建与编辑，介绍基本墙、地下室外墙和内墙的创建方法。本项目墙体还可以通过内建模型来创建。

第6章 门窗的创建与编辑，主要介绍：门窗构件的精确布置与定位的方法、门窗族参数的编辑、门窗位置和方向的调整、地下门窗与窗台高度调整实例，使读者掌握门窗参数调整、门窗载入和定位的方法。

第7章 楼板、扶栏的创建与编辑，主要介绍楼板、栏杆的创建与编辑方法，详细介绍了不同形式的栏杆及扶手的创建方法。

第8章 楼梯的创建与编辑，主要介绍楼梯、洞口和坡道的建立方法。

第9章 内建模型，对项目内水箱铁爬梯、装饰线条、室外散水等不同构件模型运用内建模型进行创建，使读者了解内建模型与族的区别以及掌握创建的方法。

第10章 室外台阶、场地平面及文字的绘制与编辑，介绍场地表面、建筑地坪、地形子面域的区别以及创建方法，使读者对场地的设计有全面的了解和深刻的认识。

第11章 结构模型创建，介绍教学楼项目结构基础、结构柱、主次梁和楼板等结构构件的绘制创建，通过对比建筑、结构模型的创建，使读者了解建筑结构不同专业的区别，掌握结构模型创建的方法和流程。

第12章 施工图设计，详细介绍基于 BIM 模型的平、立、剖面图深化，房间明细表和结构框架明细表的工程量输出，大样设计及 CAD 图样导出，使读者掌握基于 BIM 的成果输出方法。

第13章 BIM 的应用实践，介绍了 BIM 在设计、施工、竣工不同建造阶段的实际应用，使读者能以终为始，更全面、更系统地了解 BIM 在实际项目的不同阶段中的作用与价值。

本书的主要特色如下：

1. 内容实战性强

本书是以教学楼工程项目为例，采用项目 BIM 搭建方法，通过底图参照、编辑结构层与面层、定义材质，完全依托项目实际图样介绍 BIM 创建与成果输出。

2. 知识完整性

本书的知识框架设计，从 BIM 的基本概念、软件安装、功能设置、建筑模型与结构模型创建流程和方法到施工图和项目的实际应用，虽然不能面面俱到，但每个知识点都力求实用。

3. 拓展性学习

本书提供了电子图、PPT 课件、学习视频等，可以帮助读者朋友更深刻地领会教学楼项目的 BIM 建模、成果输出和应用。

本书参编单位、人员和分工如下：

湖南文理学院李梦编写第 1、11、12 章，唐响亮编写第 4 章，江德明编写第 5、6 章，黄志刚编写第 7、8 章，孙晋、王云洋编写第 9、10 章；长沙红瓦信息科技有限公司赵文凯、文兴编写第 2 章，杨四保编写第 3、13 章。

本书由李梦、江德明、黄志刚、杨四保任主编，孙晋、唐响亮任副主编，王云洋、赵文凯、文兴参与编写。在此，谨向为本书编写与出版付出辛勤劳动的老师和专家们、机械工业出版社及编辑表示衷心的感谢。

由于编者水平有限，加之时间紧张，书中难免存在疏漏和不妥之处，敬请广大读者批评指正，提出宝贵意见，以便我们及时予以修订完善。

编　者

目　录

第 1 章

BIM 简 介

1.1 BIM 概念和基础

BIM 的英文全称是 Building Information Modeling，国内较为一致的中文翻译为：建筑信息模型。建筑信息模型是以建筑工程项目的各项相关信息数据作为基础建立起三维的建筑模型，通过数字信息仿真模拟建筑物所具有的真实信息。

自从 1975 年，美国的 Chuck Eastman 提出了建筑计算机模拟系统（Building Description System，BDS）的概念以来，建筑信息模型（BIM）技术的理念有着迅速的发展，建筑信息模型（BIM）的概念最开始在美国得以推广应用，随后在欧洲、日本、新加坡等国家也得到了积极的推广。

在我国，BIM 技术潮流从香港地区逐步引入内地一线和二线城市，现已经广泛应用于各个类型的工程建设项目中，应用的企业也从最初的软件公司逐步渗透到 BIM 咨询机构、科研高校、设计院、施工单位、房地产开发机构等。

1. BIM 的定义与特点

引用美国国家 BIM 标准（NBIMS）对 BIM 的定义，BIM 有三个层次的含义：

1）BIM 是一个设施（建设项目）物理和功能特性的数字表达。

2）BIM 是一个共享的知识资源，是一个分享有关设施的信息，为设施从建设到拆除的全生命周期中的所有决策提供可靠依据的过程。

3）项目不同阶段和不同利益的相关方在 BIM 中协作、更新、修改和提取信息，以支持和反映其各自职责的协同作业。

根据 BIM 的定义，结合工程建设实践，总结出 BIM 具有可视化、协调性、模拟性、优化性、可出图性五个特点。

（1）可视化　整个过程可视化，项目设计、建造、运营过程中的沟通、讨论、决策都在可视化的状态下进行。

（2）协调性　BIM 可在建筑物建造前期对各专业的碰撞问题进行协调，生成协调数据，且可完成净空要求的协调、设计布置的协调等。

（3）模拟性　BIM 可以对设计阶段、招标阶段、施工阶段、后期运营阶段进行模拟实验，从而预知可能发生的各种情况，达到节约成本、提高工程质量的目的。

（4）优化性　项目方案优化、特殊项目的设计优化，从而显著改进工期和造价。

（5）可出图性　帮助业主出具设计图，如综合管线图，综合结构留洞图，碰撞检查侦错报告和建议优化方案。

2. BIM 政策文件

2016 年住房和城乡建设部发布《2016—2020 年建筑业信息化发展纲要》，文章明确要求如下：

贯彻党的十八大以来、国务院推进信息化发展相关精神，落实创新、协调、绿色、开放、共享的发展理念及国家大数据战略、"互联网+"行动等相关要求，实施《国家信息化发展战略纲要》，增强建筑业信息化发展能力，优化建筑业信息化发展环境，加快推动信息技术与建筑业发展深度融合，充分发挥信息化的引领和支撑作用，塑造建筑业新业态。

"十三五"时期，全面提高建筑业信息化水平，着力增强 BIM、大数据、智能化、移动通讯、云计算、物联网等信息技术集成应用能力，建筑业数字化、网络化、智能化取得突破性进展，初步建成一体化行业监管和服务平台，数据资源利用水平和信息服务能力明显提升，形成一批具有较强信息技术创新能力和信息化应用达到国际先进水平的建筑企业及具有关键自主知识产权的建筑业信息技术企业。

1.2　BIM 软件工具介绍

在 BIM 发展和应用过程中，首先要实现 BIM 相关软件的支持。建筑信息化高速发展催生了人们对新兴工具软件的空前需求，所以本书试图通过对目前在行业内有一定影响或者市场占有率，且在国内具有一定知名度和项目应用的 BIM 软件进行介绍，让大家对 BIM 软件有个整体的了解。

1.2.1　BIM 核心建模软件

BIM 核心建模软件，简称 BIM 建模软件（英文名通常为 BIM Authoring Software），是负责创建信息化模型，提供 BIM 应用的基础核心工具软件，是从事 BIM 相关工作首先要使用到的 BIM 软件。常用的 BIM 核心建模软件如图 1-1 所示。

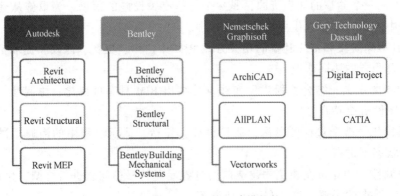

图 1-1　常用的 BIM 核心建模软件

从上图我们可以了解到，BIM 核心建模软件主要有以下四个：

（1）基于 Autodesk 平台的 BIM 软件　Autodesk 公司的 Revit Architecture、Revit Structural 和 Revit MEP 系列，在民用建筑市场借助 AutoCAD 的天然优势，有相当不错的市场表现。

（2）基于 Bentley 平台的 BIM 软件　Bentley Architecture、Bentley Structural 和 Bentley Building Mechanical Systems 系列，Bentley 产品在工厂设计（石油、化工，电力、医药等）和基础设施（道路、桥梁、市政、水利等）领域具有无可争辩的优势。

（3）基于 Nemetschek Graphisoft 平台的 BIM 软件　在 2007 年 Nemetschek 收购 Graphisoft 以后，ArchiCAD、AlPLAN、Vectorworks 三个产品就被归到同一家公司里，其中国内同行最熟悉的是 ArchiCAD，它是一个面向全球市场的产品，应该可以说是最早的一个具有市场影响力的 BIM 核心建模软件，但是在中国由于其专业配套的功能（局限于建筑专业）与多专业一体的设计院体制不匹配，很难广泛应用。Nemetschek 的另外两个产品，AlPLAN 主要市场在德语区，Vectorworks 则是其在美国市场使用的产品名称。

（4）基于法系 Gery Technology Dassault 平台的 BIM 软件　Dassault 公司的 CATIA 是全球最高端的机械设计制造软件，在航空、航天、汽车等领域具有接近垄断的市场地位，应用到工程建设行业无论是对复杂的建筑形体还是超大规模建筑，其建模能力、表现能力和信息管理能力都比传统的建筑类软件有明显优势，而与工程建设行业的项目特点和人员特点的对接问题则是其不足之处。Digital Project 是 Gery Technology 公司在 CATIA 的基础上开发的一个面向工程建设行业的应用软件（二次开发软件），其本质还是 CATIA，与天正软件的本质是 AUTOCAD 是一样的道理。

因此，一个项目或企业 BIM 核心建模软件技术路线的确定，主要考虑如下基本原则：

1）民用建筑用 Autodesk Revit 软件。

2）工厂设计和基础设施用 Bentley 软件。

3）单专业建筑事务所选择用 Archi CAD、Revit、Bentley 软件都可行。

4）超异形建筑项目，资金比较充裕的情况下，可以选择 CATIA 或 Digital Project 软件。

1.2.2　BIM 应用分析软件

BIM 应用分析软件，顾名思义是指在 BIM 模型的基础上实现应用分析功能软件，如绿色建筑分析、结构分析、工程预算及在核心建模软件上进行二次开发的应用产品，主要分为以下几类：

1. BIM 可持续（绿色建筑）分析软件

可持续（绿色建筑）分析软件能够使用 BIM 模型的信息对项目进行日照、风环境、工程热力学和传热学、景观可视度、噪声等方面的分析，主要软件有国外的 Ecotect、IES、Green Building Studio 以及国内的 PKPM 和绿建斯维尔等。

2. BIM 结构分析软件

结构分析软件是目前与 BIM 核心建模软件集成度较高的产品，基本上两者之间可以实现信息交互，即结构分析软件可以使用 BIM 核心建模软件的信息进行结构分析，分析结果对结构的调整又可以反馈回到 BIM 核心建模软件中去，自动更新 BIM 模型。BIM 结构分析软件有国外的 MADIS、ETABS、Robot 和国内的 PKPM 等。

3. BIM 预算软件

BIM 预算软件与传统的算量预算软件相比，主要的功能区别在于是否与 BIM 模型相结合。

其优势主要在二次建模/调整的快捷性和计算的准确性上，如基于 Revit 二次开发的斯维尔、比目云、晨曦算量，以及一些和 BIM 软件做模型接口的，如广联达、鲁班算量软件。目前，BIM 算量软件的发展不错，产品不断地迭代更新，与 BIM 建模软件的结合也越来越紧密。

4. BIM 施工管理软件

这类软件主要为施工阶段提供模拟和 BIM 协同管理服务，如国产的广联达 BIM5D、鲁班施工模拟、译筑科技 EBIM 以及 Navisworks 的施工模拟模块等都属于这类软件。施工管理软件主要面向一线施工企业，当前仍有大量需求等待在新软件、新版本中实现。

5. BIM 可视化效果软件

传统的 3ds Max、Lumion、Fuzor 等渲染软件，以及 Navisworks 软件的渲染模块等，都被划入 BIM 效果表现软件的范畴。在 BIM 应用中，它们的共同特点是能够导入 BIM 核心建模软件建立的模型，并通过材质设定和渲染等功能最终提供符合要求的建筑表现方式。

6. BIM 机电分析软件

水、暖、电等机械设备和电气分析软件，包括国内的鸿业、博超，以及刚被广联达收购的 Magicad 等软件，还包括国外的 Designmaster、IES Virtual Environmengt、Trance 等软件。

7. BIM 运维管理软件

依据美国国家 BIM 标准委员会提供的研究资料，在一个建筑物生命周期内有 75% 的成本发生在运营阶段（使用阶段），而建设阶段（设计、施工）的成本只占项目生命周期成本的 25%。

BIM 应用的最终阶段是在建筑物的运营管理阶段。BIM 模型为建筑物的运营管理阶段服务是 BIM 应用重要的推动力和工作目标。目前的 BIM 运营管理软件以 Archibus、PW 为代表，通过 BIM 模型数据库和建筑物的管理，对日常运营维护进行结构化数据和可视化管理。当然，我国本土的毕埃慕、蓝色星球、译筑科技等公司开发的平台也日渐成熟，逐渐被应用到更多建筑物的运维管理中。

1.2.3 Revit 软件概述

对于初学者和在校学生而言，掌握 BIM 工具的关键是掌握 BIM 相关软件的基本流程和方法。考虑到市场占有率和 BIM 模型通用兼容性等因素，我们选择由 Autodesk 公司出品的 Revit 软件作为 BIM 核心建模学习的基础软件。

Revit 软件是 Autodesk 公司专为建筑信息模型提供设计解决方案的软件。它运用建筑信息模型为建筑项目创建和使用协调一致的、可靠的、可用的数据信息。这些信息对有效率地制定设计决策、准确编制施工文件、预测施工状况、进行成本估算、制定施工计划、进行物业管理和运营维护都非常重要。Revit 软件的核心是功能强大的参数化变更引擎，能在设计、制图和分析中自动协调所有的设计变更。Revit 产品可以在一个集成的数字化环境中保持信息的协调一致、及时更新、快速访问，从而使得建筑师、工程师、施工人员和业主可以全面透彻地了解项目，并帮助他们更快更好地进行决策。

简单而言，Revit 就是一款以建筑设计工作环境为基础的 BIM 建模软件，其主要功能包括建筑、结构和设备专业的 BIM 模型建立；BIM 模型参数化自定义；BIM 模型检查和设计协同；3D/2D 出图及工程量统计等。本书建模将使用 Revit2016 版本的软件，其界面如图 1-2 所示。

a)

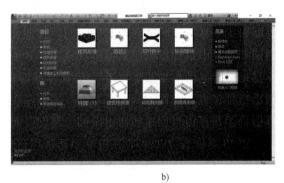

b)

图 1-2 核心建模软件——Revit2016

习 题

1-1 现代 BIM 起源地是？（ ）

A. 中国 　　　　　 B. 美国 　　　　　 C. 日本 　　　　　 D. 英国

1-2 以下哪项是 BIM 的全称的正确描述？（ ）

A. Building Information Model 　　　　　 B. Building Information Modeling

C. Building Information Management 　　　 D. Building Information Manager

1-3 当前在 BIM 工具软件之间进行 BIM 数据交换可使用的标准数据格式是？（ ）

A. GDL 　　　　　 B. IFC 　　　　　 C. DXF 　　　　　 D. RFA

第2章

Revit 2016软件简介

2.1 Revit 2016 软件的安装、启动与关闭

2.1.1 Revit 2016 软件的安装

实训目标：学会安装 Revit 2016 软件

1）打开文件目录，将文件 📇 Revit 2016(64bit)解压到计算机硬盘存储的文件目录。

💡**注意：**解压目录不要带有中文字符。

2）解压完毕后，打开文件夹，如图 2-1 所示，双击"AutodeskRevit 2016（64bit）"。

Autodesk Revit 2016(64bit)	2017-11-01 0:53	文件夹	
AUTODESK2016注册机	2017-11-01 14:24	文件夹	
Revit2016安装教程	2018-04-07 15:58	WPS PDF 文档	592 KB
软件说明	2018-04-07 14:49	文本文档	2 KB

图 2-1 打开文件夹界面

3）执行上述操作后，文件夹内应用程序如图 2-2 所示，双击"Setup"运行应用程序。

4）打开应用程序后，安装界面如图 2-3 所示。在"安装说明"下拉菜单中选择"中文（简体）Chinese（Simplified）"，然后单击"安装"按钮进入"许可协议"界面。

5）如图 2-4 所示，在"许可协议"界面选中"我接受"单选按钮，然后单击"下一步"按钮进入"产品信息"界面。

6）如图 2-5 所示，在"产品信息"界面的"产品信息"栏输入序列号和产品密钥，

图 2-2 文件应用程序

图 2-3 安装界面

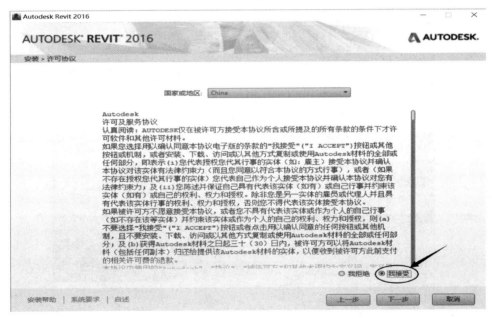

图 2-4 "许可协议"界面

单击"下一步"按钮进入"配置安装"界面。

7)如图 2-6 所示,单击"浏览"按钮,用户可更改软件安装路径,然后单击"安装"按钮进行软件安装。

注意:安装路径根据用户需要进行设置,但是路径中不能有中文字符,否则会导致安装失败。

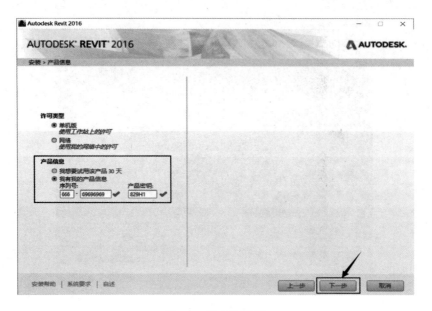

图 2-5　输入序列号

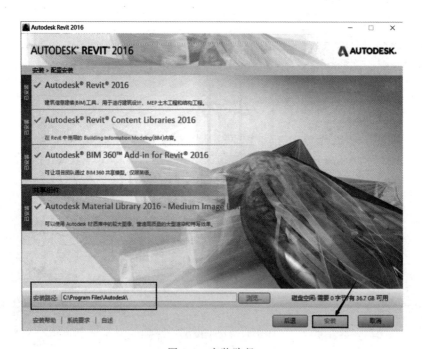

图 2-6　安装路径

8）安装完成后，软件会自动检测并安装相关控件，如图 2-7 所示，单击"完成"按钮完成安装。

注意：软件安装文件已经自带样板文件和族库，安装时断开网络连接，这样可以加快软件的安装速度，减少软件安装所需时间。

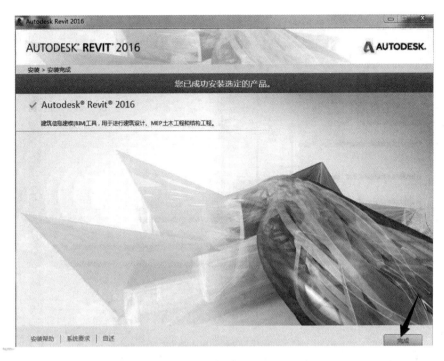

图 2-7 "安装完成"界面

9）安装完毕后，双击桌面快捷方式打开 Revit 2016 软件，如图 2-8 所示，单击"激活"按钮。

图 2-8 激活软件

10）如图 2-9 所示，在"Autodesk 许可"界面下，如果产品提示输入的序列号无效，单击"关闭"按钮后再返回图 2-8 所示界面重新单击"激活"按钮，或者断开网络连接后再激活。

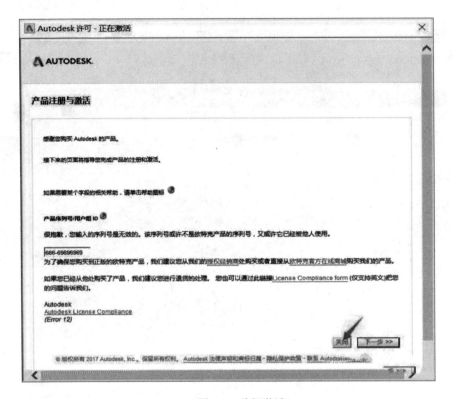

图 2-9　关闭激活

2.1.2　Revit2016 软件的启动与关闭

实训目标：学会启动与关闭 Revit2016 应用程序

1. 启动 Revit2016 应用程序

与其他标准的 Windows 应用程序一样，安装 Revit2016 后，单击计算机桌面上的"开始"菜单→"所有程序"→"Revit2016"命令，或者双击桌面上的"Revit2016"快捷图标，即可启动 Revit2016 应用程序。

启动完成后，用户界面中会显示如图 2-10 所示的四个功能模块：打开和新建项目、最近使用的项目、打开和新建族和最近使用的族。

在该界面中，Revit 会自动按照时间顺序依次列出最近使用的项目文件和最近使用族文件的缩略图和名称。可以单击缩略图打开对应的项目和族文件，移动鼠标指针至缩略图上并停留，将会显示该文件的存储路径及文件大小、最近修改和使用日期等详细信息。当用户第一次使用 Revit2016 时，软件会显示自带的基本样例项目和高级样例项目两个样例文件，方便用户感受 Revit2016 的强大功能。在"最近使用的项目"模块中，还可以单击相应的图标打开最近使用的项目和族文件。

2. 设置建模前的相关参数

单击应用程序菜单，单击"选项"，打开"选项"对话框，如图 2-11 所示，建模前

打开和新建项目　　　　　　　　　　　　　　　　　　最近使用项目

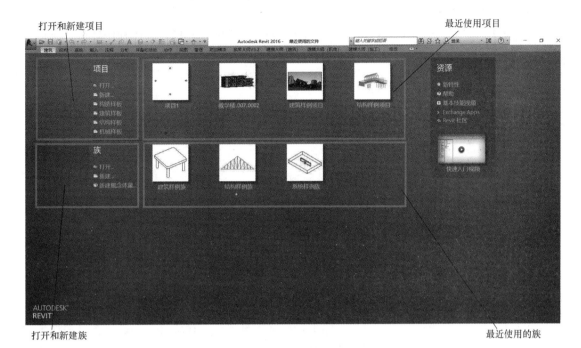

打开和新建族　　　　　　　　　　　　　　　　　　　最近使用的族

图 2-10　用户界面

可以对"常规""用户界面""图形""文件位置""渲染"等进行设置，为项目建模做好准备工作。

图 2-11　应用程序选项界面

3. 关闭 Revit2016

单击应用程序菜单中的"关闭" ![按钮] 按钮可关闭 Revit2016。关闭程序之前，应记得对文件所做的修改进行存储，如果没有存储就关闭应用程序，Revit2016 会弹出"保存文件"对话框，并让用户选择是否对项目进行保存。单击保存退出即可。

2.2 认识 Revit2016 的工作界面

2.2.1 设置 Revit2016 的样板文件

> **实训目标**：学会设置工作所需要的样板文件，为建模做好准备

用户在 Revit2016 的样板文件中，可以设定符合需要的工作环境，包括文字大小及样式，尺寸标注样式、图框、工作界面等。Revit2016 的样板文件定义了新建项目中默认的初始参数，是学习掌握 Revit2016 的一个非常重要的环节。

如果把一个 Revit 的项目比作图纸的话，那么样板文件就是我们常接触的制图规范、线型样式与宽度、填充文件、度量单位，除了这些基本设置外，样板文件中还包含了该样板中常用的族文件，如建筑样板中常用到的建筑墙体、结构样板中的框架柱和梁构件及机械样板中用到的系统构件等。

对于 Revit 中样板文件的制作，建议打开原有的样板文件，比如本案例提供的"中国样板 .rte"，在原有的样板文件上进行修改，使其符合我国设计院或特定项目的需要。完成修改后，将其另存，可以通过单击"文件"→"新建"→"项目"命令，选择项目所用的样板文件。

默认的样板文件的标高样式、尺寸标注样式、文字样式、线型样式、对象样式等，不能满足我国国家标准制图规范的要求，所以需要设置符合我国标准的样板文件，如图 2-12 所示。

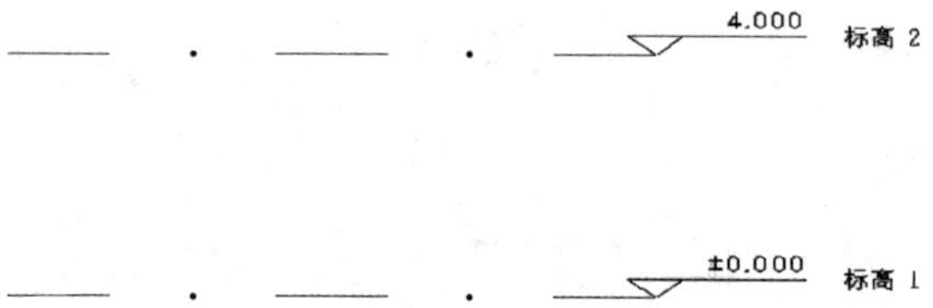

区别：样板文件的后缀格式为 .rte，项目文件的后缀格式为 .rvt。

图 2-12 符合我国标准的样板文件

在 Revit2016 中，创建的项目都是基于项目样板 .rte，项目样板中定义了项目的初始状态，如项目单位、材质设置、视图设置、图元可见性设置、载入的族库信息等，选择合适的样板文件进行工作，以后的建模工作将会事半功倍。

> **提示**：单击应用程序菜单右侧的三角形按钮，选择下拉菜单中的"选项"命令，打开"选项"对话框，如图 2-13 所示，单击"文件位置"，可以添加样板文件的类型或添加企业定制的样板文件。

1. 添加样板文件

如图 2-13 所示，单击"文件位置"选项卡中项目样板文件列表左侧的"+"按钮；选择样板文件的路径：C：\ProgramData\Autodesk\RVT 2016\Templates\China，找到需要添加的样板文件类型，单击"打开"按钮即可添加相应的样板文件。

2. 修改样板文件

如图 2-14 所示，打开样板文件后，打开"Construction-DefaultCHSCHS"，将其添加到 Revit 中。如图 2-15 所示，在"文件位置"选项卡中，在"名称"栏将"Construction-DefaultCHSCHS"修改成"建筑样板"。依照上述方法，依次将"Structural Analysis-Default-CHNCHS"修改成"结构样板"，将"Mechanical-DefaultCHSCHS"修改成"机械样板"。修改后的样板文件如图 2-16 所示。

图 2-13　样板文件路径设置

图 2-14　样板文件地址

图 2-15　建筑样板文件设定

图 2-16　样板文件设定完成后界面

3. 打开样板文件

单击"样板文件"→"名称"右侧的"路径"按钮,选择需要的样板文件,打开相应的样板文件。

2.2.2 Revit2016 的工作界面

> **实训目标**:认识 Revit2016 软件,熟悉软件的工作界面

启动 Revit2016 后,在最近使用的项目模块的"项目"列表中单击"教学楼"基本样例项目缩略图,打开"教学楼"项目文件。Revit2016 进入项目查看和编辑状态,其界面如图 2-17 所示。

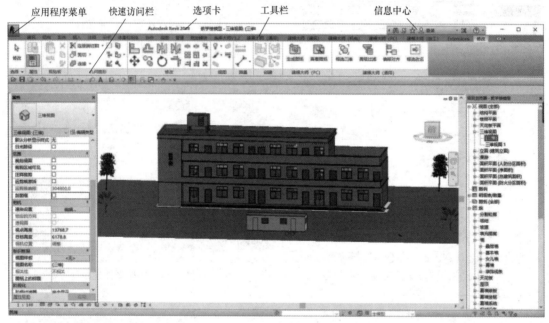

图 2-17　Revit2016 软件主界面

1. 应用程序菜单

应用程序菜单提供对常用文件的操作,如"新建""打开""保存",还允许更高级的应用工具来管理项目文件,如"导出""发布"。单击图 2-17 所示图标按钮 ，打开应用程序菜单,其界面如图 2-18 所示。

2. 选项设置

单击应用程序菜单(图 2-18)中的"选项"按钮,弹出的"选项"对话框如图 2-19 所示。例如,在 Revit 2016 软件里定义用户界面、快捷键,其操作如下:单击"用户界面"选项卡,出现用户界面"配置"栏和"选项卡切换行为"栏,用户可对"快捷键"等进行设置。

3. 快速访问工具栏

快速访问工具栏包含一组默认工具,用户可对该工具栏进行自定义,使其显示在常用工具。单击快速访问工具栏后的向下箭头弹出下拉菜单,如图 2-20 所示,若要向快速访问工

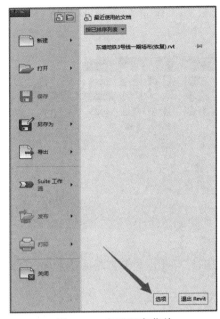

图 2-18　应用程序菜单

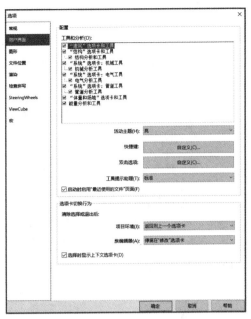

图 2-19　选项设置

具栏中添加功能区的按钮,可以在功能区中右击相应的按钮,然后单击"添加到快速访问工具栏",新添加的按钮添加到快速访问工具栏中默认命令的右侧。

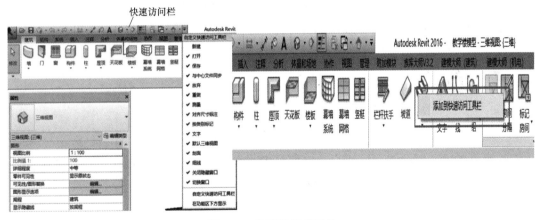

图 2-20　快速访问栏工具

4. 功能区选项卡

创建或打开文件时,功能区会显示软件提供的创建项目或族所需要的全部工具,包括"建筑""结构""视图""管理""修改"等选项卡,如图 2-21 所示。每个选项卡中都包括

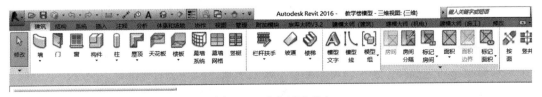

图 2-21　功能区选项卡

多个"面板"，每个面板内含有各种工具。图 2-22 所示为"建筑"选项卡下的"构建"面板。

图 2-22　"建筑"选项卡下的"构建"面板

5. 上下文功能区选项卡

激活某些工具或者选择某些图元时，会自动添加并切换到一个上下文功能区选项卡，其中包含一个组织与修改工具或者图元的上下文相关的工具。

例如：单击"柱"工具时，将显示"修改|放置结构柱"的上下文功能区选项卡，如图 2-23 所示。

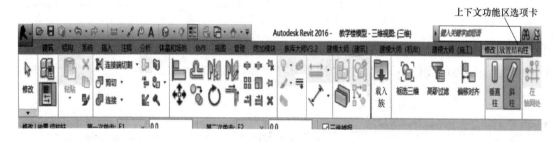

图 2-23　上下文功能区选项卡

6. 帮助与信息中心

主页面右上角为"帮助与信息中心"，如图 2-24 所示。

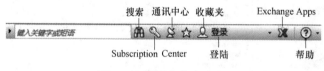

图 2-24　帮助与信息中心

7. 属性选项板

通过属性选项板，可以查看和修改用来定义 Revit 中图元属性的参数。启动 Revit 2016 时，"属性"选项板处于打开状态并固定在绘图区域左侧项目浏览器的上方。"属性面板"包括四个部分（见图 2-25）：

1）"类型选择器"，标识当前选择的族类型，并提供一个可从中选择其他类型的下拉列表。

2）"属性过滤器"，用来标识将由工具放置的图元类别，或者标识绘图区域中所选图元的类别和数量。如果选择了多个类别或类型，则选项板上仅显示所有类别或类型所共有的实例属性，使用过渡器的下拉列表可以仅查看特定类别或视图本身的属性。

3）"编辑类型"，单击"编辑类型"按钮将会弹出"类型属性"修改对话框，对"类型属性"进行修改将会影响该类型的所有图元。

4）"实例属性"，修改实例属性仅修改被选择的图元，不修改该类型的其他图元。

8. 项目浏览器面板

Revit 2016 把所有的楼层平面、天花板平面、三维视图、立面、图例、明细表、图样、族等全部分门别类放在"项目浏览器"中统一管理，如图 2-26 所示。双击视图名称即可打开视图，选择视图名称右击即可找到复制、重命名、删除等常用命令。

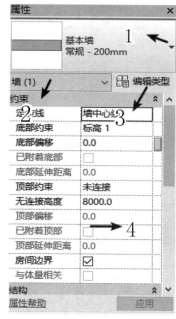

图 2-25　属性选项板

图 2-26　项目浏览器面板

9. 绘图区域

绘图区域是 Revit 软件进行建模操作的区域，绘图区域背景的默认颜色是白色，可通过"选项"设置颜色，通过视图选项卡的窗口面板来管理绘图区域窗口。

10. 视图控制栏

位于绘图区域下方，单击"视图控制栏"中的按钮，即可设置视图的比例、详细程度、模型图形样式、设置阴影、渲染对话框、裁剪区域、隐藏/隔离等，如图 2-27 所示。

11. 状态栏

状态栏位于 Revit2016 工作界面的左下方，如图 2-27 所示。使用某一命令时，状态栏会

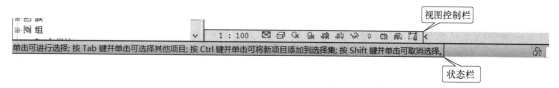

图 2-27　视图控制栏和状态栏

提供有关要执行操作的提示。鼠标停在某个图元或构件时，会使之高亮显示，同时状态栏会显示该图元或构件的族及类型名称。

12. 鼠标右键工具栏

在绘图区域右击，弹出的菜单依次为："取消""重复""最近使用的命令""上次选择""查找相关视图""区域放大"、缩小至$\frac{1}{2}$（软件中为"缩小两倍"）、"缩放匹配""上一次平移/缩放""下一次平移/缩放""浏览器""属性"，如图2-28所示。

图2-28　鼠标右键工具栏

2.2.3 Revit2016对象组成体系

> **实训目标：** 熟悉Revit对象组成体系、了解图元与族的含义

1. Revit对象组成体系

Revit对象组成体系由模型图元、基准图元和视图专有图元三种图元要素构成，如图2-29所示。

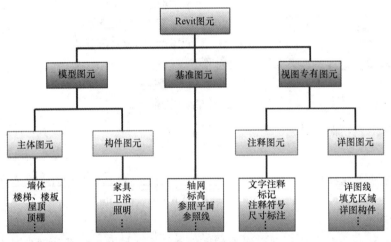

图2-29　Revit对象组成体系

（1）模型图元　模型图元表示建筑的实际三维几何图形，它们显示在模型的相关视图中，如墙、窗，门和屋顶等。模型图元可分为主体图元和构件图元两种类型。

1）主体图元是通常在项目现场构建的建筑主体图元，包括墙体、楼梯、楼板、屋顶、顶棚、场地、坡道等。主体图元的参数设置由软件系统预先设定，用户不能自由添加参数，只能编辑和修改原有的参数设置来定义新的主体类型。例如，大多数墙体都可设置构造层、厚度及高度等，如图2-30所示。

2）构件图元　构件图元是主体模型之外的其他所有类型的图元，如门、窗、家具和植物等三维模型构件。构件图元和主体图元有依附关系，如门窗和灯泡是安装在墙主体和顶棚主体之上的，若删除墙体和楼板，则安装在其上的门窗和灯泡会同时被删除，这是Revit组成对象的特有的特点。构件图元的参数设置相对灵活、变化较多，所以在Revit里，用户可以自行定制构件图元，如图2-31所示，设置各种需要的参数类型，以满足参数化设计修改的需要。

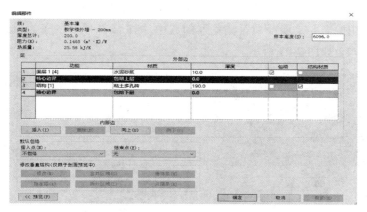

图 2-30　主体图元——基本墙

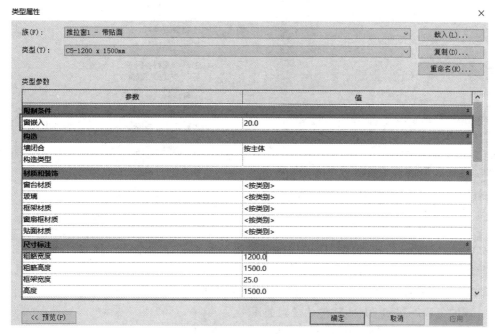

图 2-31　独立图元——窗

（2）基准图元　基准图元是可以帮助定义项目定位的图元，包括标高、轴网、参照平面等。因为 Revit 是一款三维设计软件，三维设计软件的工作平面设置是其中非常重要的环节，所以"标高""轴网""参照平面"等图元为用户提供了三维设计的基准设置。此外，用户还经常使用"参照平面"图元来绘制定位辅助线以及绘制辅助标高或设定相对标高偏移来定位。如绘制楼板时，软件默认在所选视图的标高上绘制，用户可以通过设置相对标高偏移的数值来绘制卫生间的降板等，如图 2-32 所示。

（3）视图专有图元　视图专有图元只显示在放置这些图元的视图中，它们可以帮助用户对模型进行描述或归档，如尺寸标注、标记、二维详图构件等。视图专有图元有注释图元和详图图元两种。

1）注释图元是对模型进行标记注释，并在图样上保持比例的二维构件。"尺寸标注"

"文字注释""标记"和"注释符号"等注释图元的样式都可以由用户自行定制,以满足各种本地化设计应用的需要。展开项目浏览器的族中"注释符号"的子目录,即可编辑修改相关注释族的样式,如图2-33所示。

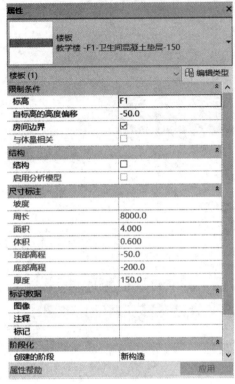

图2-32 基准图元

图2-33 注释图元

(2)详图图元是指在指定视图中提供有关建筑模型详细信息的二维设计图元,如详图线、填充区域和二维详图构件等。

对以上图元要素的设置、修改、定制等操作都有相应的规律,需要学习者用心琢磨。

2. 族的名词解释和 Revit 软件的逻辑关系

Revit 软件是一款三维参数化设计软件,族的概念需要用户深入理解和掌握。通过族的创建和定制,使软件具备了参数化设计的特点和实现本地化项目定制的可能性。族是一个包含通用属性集和相关图形表达的图元组,是项目的核心,所有添加到 Revit 项目中的图元,如用于构成建筑模型的结构构件(墙体、屋顶、门窗等)以及用于记录该模型的详图索引、装置、标记和详图构件都是使用族来创建的。

在 Autodesk Revit 软件中,有三种类型的族。

(1)**系统族** 系统族包含基本建筑图元,如墙体、屋顶、顶棚、楼板以及其他要在施工场地使用的图元。而且能够影响项目环境且包含标高、轴网、图样和视口等图元类型的系统设置和项目也是系统族。系统族已在 Revit 中预定义且保存在样板和项目中,而不是从外部文件中载入到样板和项目中的,不能创建、复制、修改或删除系统族,但可以复制和修改系统族中的类型,以便创造自定义系统族类型。

(2)**内建族** 内建族可以是特定项目中的模型构件,也可以是注释构件。只能在当前

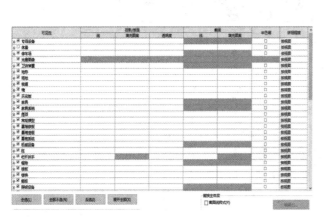

图 2-34 详图图元

图 2-35 视图属性

项目中创建内建族，因此它们仅可用于该项目特定的对象，如本书教学楼项目中使用的铁爬梯族等。

（3）可载入族 与系统族不同，可载入族是在外部 RFA 文件中创建的，并可导入（载入）到项目中，用于创建安装在建筑内和建筑周围的建筑构件（如门、窗、橱柜、装置、家具、植物等）和系统构件（如锅炉、热水器、空气处理设备和卫浴装置等），以及一些常规自定义的注释图元（如符号和标题栏等）。它具有高度可自定义的特征，是 Revit 中最经常创建和修改的族。

习　题

2-1 Revit 文件的基本格式有（　　）。

A. Rte　　　　　B. Ifc　　　　　C. Rvt　　　　　D. Rft　　　　　E. Rfa

2-2 Revit 常用的样板文件有哪些？（　　）

A. 建筑样板　　B. 结构样板　　C. 机械样板　　D. 构造样板　　E. 软件样板

2-3 Revit 中族的形式有（　　）。

A. 系统族　　　B. 内建族　　　C. 可载入族　　D. 预定义族　　E. 基本族

第3章

Revit 软件的基本操作

3.1 Revit 2016 视图显示控制

上一章介绍了 Revit 2016 的工作界面、图元、族等基本概念。本章将进一步介绍 Revit 2016 的视图显示控制及软件常用工具命令，进一步熟悉 Revit 2016 的操作模式。

视图显示控制是 Revit 2016 中重要的基础操作之一。在 Revit 2016 中，视图不同于 CAD 绘制的图样，它是 Revit 2016 项目中的模型根据不同规则显示的模型投影或截面。Revit 2016 中常见的视图包括三维视图、楼层平面图、结构平面图、顶棚视图、立面图、剖面图、详图等。此外，Revit 2016 还提供了明细表和图纸视图。其中"明细表"以表格的形式统计项目的各类信息，"图纸视图"用于将各类不同的视图组织成为最终发布的项目图纸和文档。

3.1.1 使用项目浏览器

> **实训目标**：熟悉项目浏览器的内容，学会使用项目浏览器进行各视图间的切换操作。

1. 打开项目浏览器

项目浏览器用于组织和管理当前项目中包含的所有信息，包括项目中所有视图、明细表、图纸、族、组、链接的 Revit 模型等项目资源。Revit 2016 按逻辑层次关系组织这些项目资源，方便用户管理。

单击"视图"选项卡，单击"窗口"工具面板上的"用户界面"按钮，在弹出的用户界面下拉菜单中勾选"项目浏览器"复选框，即可重新显示项目浏览器，如图 3-1 所示。在默认情况下，项目浏览器面板在 Revit 2016 界面的左侧且位于属性面板下方显示。在"项目浏览器"面板的标题栏上按住鼠标左键，移动鼠标指针至屏幕适当位置并松开鼠标，可拖动该面板至新的位置。当"项目浏览器"面板靠近屏幕边界时，会自动吸附于边界位置。用户可以根据自己的操作习惯定义适合自己的项目浏览器位置。

单击"项目浏览器"面板右上角的关闭按钮"×"，可以关闭项目浏览器面板，以获得更多的屏幕操作空间。

提示：在"用户界面"下拉菜单中，还可以控制属性面板、状态栏、工作集状态栏等的显示与隐藏。

2. 项目浏览器的主要介绍

在"项目浏览器"窗口，双击对应的视图名称，可以方便地在项目的各视图间进行切换。

（1）默认 3D 视图　启动 Revit 2016，打开文件目录"教学楼项目"项目文件，Revit 2016 将打开教学楼项目的默认 3D 视图。

（2）楼层平面图　在"项目浏览器"面板中，单击"视图（全部）"类别中"楼层平面"前的 ⊞ 按钮，展开楼层平面类别，该楼层平面视图类别中包括六个视图，如图 3-2 所示。单击"项目浏览器"窗口中的"视图（全部）"类别前的 ⊟ 按钮，可收拢"视图（全部）"类别。双击"楼层平面"类别中的"F1"视图，Revit 2016 将打开"F1"楼层平面图。注意此时项目浏览器中该视图名称将高亮显示。

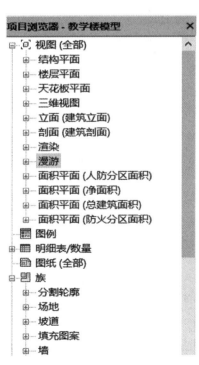

图 3-1　项目浏览器

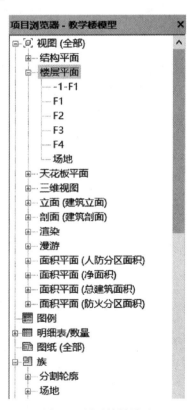

图 3-2　展开楼层平面

提示："楼层平面"视图表现的内容类似于传统意义中的"平面图"。

（3）立面（建筑立面）图　在"项目浏览器"面板中展开"视图（全部）"中的"立面（建筑立面）"类别，双击"南立面"视图，Revit 2016 将打开"南立面"视图，注意项目浏览器中该视图名称将高亮显示（黑色加粗）。

（4）三维视图　展开"三维视图"类别，Revit 2016在"三维视图"类别中存储默认的三维视图和所有用户自定义的相机位置视图。双击"（三维）"，Revit 2016将打开默认三维视图。

> 💡提示：Revit 2016中所有的项目都包含一个默认名称为"三维"的由Revit 2016自动生成的默认三维视图。除使用"项目浏览器"外，还可以单击快速访问工具栏中的 🔲 默认三维视图按钮，快速切换至默认三维视图。

（5）渲染视图　展开"渲染"类别，Revit 2016在"渲染"类别中存储所有保存过的渲染效果在"项目浏览器"中，展开视图，双击"渲染"，打开该渲染视图，查看该渲染的效果。以相同的方式切换至其他渲染视图对比不同材质的效果。

（6）明细表/数量视图　单击"明细表/数量"类别前的 🛨 按钮，展开"明细表/数量"视图类别。双击"结构框架明细"视图，切换至"结构框架明细表"视图，如图3-3所示。该视图以明细表的形式反映了项目中结构框架的统计信息。

<图3-3 结构框架明细表>

A	B	C	D	E	F	G	H	I	J
项目编码	项目特征	族	类型	结构材质	b	h	合计	体积	参照标高
010503002		BIM_现浇混凝土矩形梁-C35	150X400	C_钢筋砼C35	150	400	5	0.363 m	F-3
010503002		BIM_现浇混凝土矩形梁-C35	200X400	C_钢筋砼C35	200	400	35	5.152 m	F-3
010503002		BIM_现浇混凝土矩形梁-C35	200X500	C_钢筋砼C35	200	500	26	5.915 m	F-3
010503002		BIM_现浇混凝土矩形梁-C35	250X600	C_钢筋砼C35	250	600	1	0.833 m	F-3
010503002		BIM_现浇混凝土矩形梁-C35	300X600	C_钢筋砼C35	300	600	17	14.499 m	F-3
010503002		BIM_现浇混凝土矩形梁-C35	300X700	C_钢筋砼C35	300	700	51	44.025 m	F-3
010503002		BIM_现浇混凝土矩形梁-C35	300X800	C_钢筋砼C35	300	800	8	8.340 m	F-3
010503002		BIM_现浇混凝土矩形梁-C35	300X900	C_钢筋砼C35	300	900	4	1.675 m	F-3
010503002		BIM_现浇混凝土矩形梁-C35	300X950	C_钢筋砼C35	300	950	1	1.340 m	F-3
010503002		BIM_现浇混凝土矩形梁-C35	350X600	C_钢筋砼C35	350	600	8	3.343 m	F-3
010503002		BIM_现浇混凝土矩形梁-C35	350X700	C_钢筋砼C35	350	700	2	1.843 m	F-3
010503002		BIM_现浇混凝土矩形梁-C35	400X650	C_钢筋砼C35	400	650	585	577.899 m	F-3
010503002		BIM_现浇混凝土矩形梁-C35	400X700	C_钢筋砼C35	400	700	15	24.525 m	F-3
010503002		BIM_现浇混凝土矩形梁-C35	500X700	C_钢筋砼C35	500	700	10	13.237 m	F-3
010503002		BIM_现浇混凝土矩形梁-C35	600X750	C_钢筋砼C35	600	750	12	31.343 m	F-3
010503002		BIM_现浇混凝土矩形梁-C35	700X750	C_钢筋砼C35	700	750	547	1045.993 m	F-3

图3-3　结构框架明细表

> 💡提示：在Revit中，结构框架明细表可以按照不同的形式进行统计和显示。

（7）图纸视图。单击"图纸（全部）"，展开"图纸"类别，显示该项目中所有可用的图纸列表。

> 💡提示：在Revit 2016中，一张图纸是一个或多个不同的视图有序地组织到图框中形成的。

3. 快速关闭视口或视图

Revit 2016每切换一个视口或者视图都会以新的视图窗口打开视图，因此每次切换视图时，Revit 2016都会创建新的视图窗口。如果切换视图的次数过多，可能会因为视图窗口过多而消耗较多的计算机内存。在操作时，应根据情况及时关闭不需要的视图窗口，节约计算机的运行内存。

单击"视图"右上角的视图窗口控制栏中的"关闭"按钮，关闭当前打开的视图窗口，Revit 2016 将显示上次打开的视图。连续单击视图窗口控制栏中的"关闭"按钮，直到最后一个视图窗口关闭时，Revit 2016 将关闭项目。

Revit 2016 提供了一个快速关闭隐藏窗口的工具，可以关闭除当前窗口外的其他不活动的视图窗口。如图 3-4 所示，切换至"视图"选项卡，单击"窗口"面板中的"关闭隐藏对象"工具，或单击默认选项栏中的"关闭隐藏对象"工具，可关闭除当前视图窗口之外的所有视图窗口。

> 提示："关闭隐藏对象"工具仅在当前视图窗口最大化显示时有效。

图 3-4 关闭隐藏对象

4. 搜索视图

在 Revit2016 的"项目浏览器"面板中，用鼠标右击"视图"类别，在弹出菜单中选择"搜索"选项，可以在"项目浏览器"中搜索所有包含指定字符的视图或族，如图 3-5 所示。

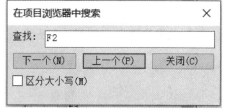

3.1.2 使用项目导航栏

图 3-5 搜索视图

> **实训目标**：熟悉视图导航操作，利用鼠标配合键盘功能键或使用 Revit 2016 提供的用于视图控制的导航栏，分别对不同类型的视图进行多种控制操作。

Revit 2016 提供了多种视图导航工具，可以对视图进行缩放、平移等操作控制。在视图操作过程中，利用鼠标滚轮将大大提高 Revit 2016 视图的操作效率，强烈建议在操作 Revit 2016 时使用带有滚轮的鼠标。

1. 利用鼠标控制视图的缩放与平移等操作

（1）放大与缩小视图　打开"教学楼项目"文件，在项目浏览器中切换至"楼层平面"视图类别中的"F1"楼层平面视图。移动鼠标指针至图 3-6 中轴线③附近位置，向上滚动鼠标滚轮，Revit 2016 将以鼠标指针所在位置为中心放大显示视图。向下滚动鼠标滚轮，Revit 2016 将以鼠标指针所在位置为中心缩小显示视图。

（2）平移视图操作　移动鼠标指针至视图中心位置，按住鼠标中键不放，此时鼠标指针变为"✛"，上下左右移动鼠标，Revit 2016 将按鼠标移动的方向平移视图。视图移动至所需位置后，松开鼠标中键，退出视图平移模式。

（3）三维视图操作（缩放、平移、旋转）　单击快速访问工具栏中的 ⟐ 默认三维视图按钮，切换至默认三维视图。按上述相同的方式可以在默认三维视图中进行视图缩放和平移。

移动鼠标指针至默认三维视图中心位置按住鼠标中键不放，同时按住键盘上的〈Shift〉键不放，左右移动鼠标，将旋转视图。

提示：旋转视图时，仅旋转了三维视图中默认相机的位置，并未改变模型的实际朝向。Revit 2016仅在三维视图中提供视图旋转查看功能。

2. 视图导航栏的有关操作

在楼层平面图中，除可以使用鼠标中键放大、平移、旋转视图外，还可以使用Revit 2016提供的视图控制工具对视图进行操作。

（1）二维视图中的二维控制盘操作　在项目浏览器中切换至"F1"楼层平面图，单击如图3-7所示的视图右侧导航栏中"控制盘"工具，打开二维控制盘，如图3-8所示，二维控制盘将跟随鼠标位置移动。

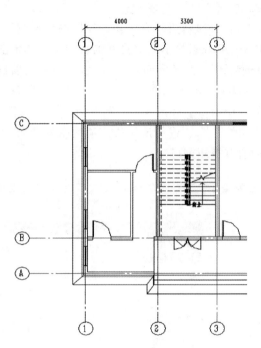

图3-6　鼠标滚轮操作缩放图形

图3-7　视图右侧导航栏

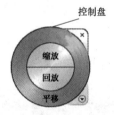

图3-8　二维控制盘

提示：如果视图中未显示导航栏，可在"视图"选项卡的"窗口"面板中单击"用户界面"按钮，从弹出的"用户界面"下拉菜单中勾选"导航栏"复选框即可。在楼层平面图等非三维视图中，将打开二维控制盘。

平移操作：鼠标指针移至控制盘中的不同选项时，该选项将高亮显示。移动鼠标指针至"平移"选项，按住鼠标左键不放，鼠标指针将变为视图平移状态"平移工具"，沿左右或上下方向移动鼠标，Revit 2016将按鼠标移动方向平移视图。当视图平移至视图中心位置后，松开鼠标左键，重新显示二维控制盘。

（2）缩放操作　移动鼠标指针至图3-6中轴线③左侧楼梯处，二维控制盘也将跟随鼠标指针移动至此处。鼠标指针移动至控制盘"缩放"选项，按住鼠标左键不放，鼠标指针将变为视图缩放状态"缩放工具"，向上或向右移动鼠标，Revit 2016将以控制盘所在位置为中心放大视图。向下或向左移动鼠标，Revit 2016 将以控制盘所在位置为中心缩小视图。缩放至可以看清楼梯细节时，松开鼠标左键，完成缩放操作，Revit2016 重新显示二维控制盘。

（3）回放操作　将鼠标指针移至二维控制盘的"回放"选项，按住鼠标左键，Revit 将以缩略图的形式显示对当前视图进行操作的历史记录，在缩略图列表中左右滑动鼠标，当鼠标指针经过缩略图时，Revit 2016 将重新按缩略图显示状态缩放视图。

3.1.3　使用 ViewCube

实训目标：学习如何使用 ViewCube 工具来进行指定的三维视图方向对三维视图的浏览操作。

在三维视图中，除可以使用"动态观察"等工具查看模型三维视图外，Revit 还提供了 ViewCube 工具进行指定三维视图方向的三维视图的浏览。比如将视图定位至东南轴测、顶部视图等常用三维视点，浏览指定三维视图方向的三维视图。默认情况下，该工具位于三维视图窗口的右上角，如图 3-9 所示。

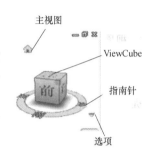

图 3-9　ViewCube 工具

ViewCube 的各顶点、边、面和指南针的指示方向，代表三维视图中不同的视点方向，单击立方体或指南针的各部位，可以在各方向视图中切换，按住 ViewCube 或指南针上任意位置并拖动鼠标，可以旋转视图。

操作提示：直接通过快捷方式也可以快速打开"教学楼"项目，打开教学楼默认的三维视图。

1. 顶视图以及旋转操作

单击"上"，可以切换到顶视图，单击右上方的"旋转"，将视图做 90° 的旋转。

2. 南立面操作

单击"南"立面这个方向当中的箭头，可以切换到南立面。

3. 等轴测方向视图操作

单击 ViewCube 的顶点，可以切换到等轴测方向视图，也可以通过单击不同顶点方式切换到不同方向等轴测方向的视图。

4. 主视图的操作

除了能够在不同的视图方向上进行切换之外，ViewCube 还提供了一个"主视图"工具。单击"主视图"按钮，可以切换到默认主视图方向。所谓主视图，其实是把任意角度的视图定义为当前视图的主视图，比如，将某角度视图定义为当前视图窗口的主视图，然后在"主视图"按钮上单击鼠标右键，在弹出的菜单中，有一个"将当前视图设定为主视图"选项，单击这个选项，此时即使旋转到了其他视图，依然可以通过单击这个"主视图"按钮快速切换到定义的主视图。同样地，在主视图按钮上单击鼠标右键，找到"选项"命令，可对 ViewCube 进行设置。在这里，不进行任何设置。

在 ViewCube 选项菜单中，也可以访问"定向到一个平面"工具。

3.1.4 使用视图控制栏

> **实训目标：** 使用视图控制栏对视图的显示进行控制，掌握常用的视图控制栏工具。

1. 熟悉视图控制栏各选项的含义

打开教学楼项目，默认显示该项目的三维视图，将它切换到东南等轴测视图，将视图进行适当放大，在视图底部有一排视图控制栏，如图3-10所示。在视图控制栏中，分别有视图比例、视图详细程度、视觉样式、日光路径、阴影控制、显示渲染、裁剪视图、显示/关闭裁剪区域、锁定三维视图、临时隐藏/隔离、显示隐藏图元等功能。在三维视图当中，有显示渲染对话框这个工具，在二维视图中，是没有这个工具的。

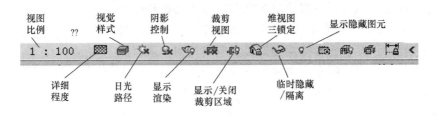

图3-10 视图控制栏主要功能

2. 常用的视图显示控制操作

（1）视图的显示方式操作 通过不同的视觉样式来控制视图的显示。单击"视觉样式"按钮，可以弹出"视觉样式"列表，在视觉样式列表中，分别有"线框""隐藏线""着色""一致的颜色""真实"和"光线追踪"。

单击"线框"选项，将当前视图显示成线框模式，这种显示模式效果比较差，但显示速度很快；单击"隐藏线"选项，可以对视图进行消影计算；单击"真实"选项，可以看到，在真实模式下，Revit 2016显示了各个构件的真实材质，效果非常逼真，但显示速度比较慢；单击"着色"模式，可以加快显示速度。

（2）隐藏与隔离操作 临时隐藏操作：选择"楼梯"，单击视图控制栏中的"临时隐藏/隔离"工具，可以弹出隔离和隐藏的选项，在这个列表当中，选择"隔离"类别，可以看到，在当前视图中其他的图元会全部隐藏，只显示"楼梯"类别图元。可以利用"临时隐藏/隔离"工具，对想编辑的对象进行隔离和隐藏显示。隔离和隐藏后，Revit 2016会在视图的周边加上一个蓝色的提示框，表示该视图中包含隐藏的图元，同时，"临时隐藏/隔离"工具的图标将改变样式，两次单击"临时隐藏/隔离"工具，在列表中选择"重设临时隐藏/隔离"，可以恢复正常的图元显示状态。

永久隐藏操作：选择屋顶楼板图元，单击"临时隐藏/隔离"，在弹出的列表中选择"隐藏图元"，可以看到，所选择的屋顶楼板图元被隐藏起来，其他图元仍然在视图当中显示。这样，用户可以通过隐藏的方式，再次编辑被屋顶楼板遮盖的图元。继续单击"临时隐藏/隔离"按钮，在弹出的列表中选择"将隐藏/隔离应用到视图"，选择该选项之后，该视图的蓝色提示框消失，同时"临时隐藏/隔离"工具的菜单中的所有选项全部变得不可用，因为已经将屋顶隐藏的视图应用到视图，变成一个永久隐藏的图元了。单击"显示隐藏的图元"按钮，一个红色的边框显示在视图当中，提示用户当前正在显示的隐藏图元，被隐藏的屋顶以红色的方式显示在视图当中，选择这个屋顶图元，单击鼠标右键，在弹出的菜单中选择"取消在视图中隐藏/图元"这时就取消了屋顶的隐藏，继续单击关闭"显示隐藏的图元"按钮，可以看到被隐藏的屋顶又显示到了当前视图当中。

3.2 Revit 2016 的常用命令

3.2.1 常用修改命令简介

> **实训目标：**熟悉 Revit2016 常用命令的操作，并理解操作的原理。

Revit2016 的"修改"选项卡是建模操作中使用频率最高的选项卡，其中最常用的命令是图 3-11 所示方框内的八个修改选项。

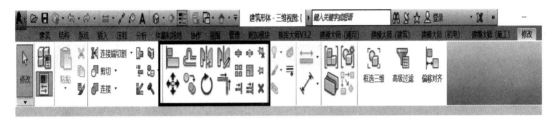

图 3-11 视图控制栏主要功能

"对齐"命令（快捷键 AL）：将一个或多个图元与选定的图元对齐，常用于构件的精确定位。

"移动"命令（快捷键 MV）：在对象不被锁定和隐藏的情况下，将选定的图元移动到当前视图中的指定位置。

"偏移"命令（快捷键 OF）：将选定的图元复制或移动到长度垂直方向上的指定距离处。

"复制"命令（快捷键 CO）：复制选定图元并将其放置在当前视图中的指定位置。

"镜像-拾取轴"命令（快捷键 MM）：将现有的线或边作为镜像轴来反转图元位置。

"镜像-绘制轴"命令（快捷键 DM）：绘制一条临时线作为镜像轴来反转图元的位置。

旋转命令（快捷键 RO）：围绕旋转轴旋转指定的图元。

修剪/延伸为角命令（快捷键 TR）：修剪或延伸图元以形成一个角。

除此之外，"修改"选项卡中经常用到的命令还有"拆分图元"命令（快捷键 SL）、"阵列"命令（快捷键 AR）、"修剪/延伸图元"命令、"锁定"命令（快捷键 PND）、"解锁"命令（快捷键 UP）等。同时"修改"选项卡也包含对几何图形的剪切、连接操作功能和距离测量功能等相对常用的功能选项。因此，"修改"选项卡是学习 Revit 建模必须熟悉和掌握的。

3.2.2 尺寸标注

Revit2016 的尺寸标注功能位于"注释"选项卡，与 AutoCAD 中的尺寸标注类似，操作时应注意操作界面底部人机交互栏的提示，"注释"选项卡尺寸标注菜单见图3-12。可以通过单击下拉菜单箭头打开标注类型设置，如图3-13所示。在进行实际工程项目标注时，应先设置好标注属性，下面以常见的线性尺寸标注类型来讨论标注属性。线性尺寸标注类型如图3-14所示。

图3-12　尺寸标注

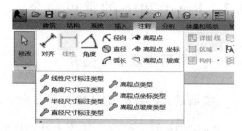

图3-13　尺寸标注类型设置

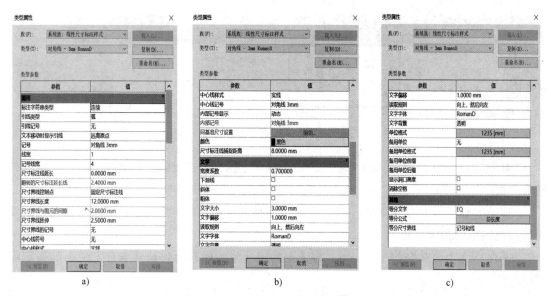

图3-14　线性尺寸标注类型

通常需要调整的尺寸标注的属性主要有图形属性和文字属性两种。

1. 图形属性

主要图形属性的参数如图3-14a、b所示。

标注字符串类型：有连续、基线、纵坐标三个选项，不同选项对应的显示效果不同。

记号：决定尺寸接线处的标记类型，如箭头、点或对角线等。

线宽：用来设置尺寸标注线的宽度值。

记号线宽：用来设置记号标记的宽度，不同的记号标注类型对应不同的显示效果。

尺寸标注线延长：用来确定尺寸标注超出记号标记的长度，默认值为0.0000mm。

尺寸界线控制点：用来控制尺寸界线形式，有"图元间隙"和"固定尺寸标注线"两个选项，该设置与"尺寸界线长度"和"尺寸界线与图元的间隙"两个参数相关联。

尺寸界线长度：用来设置尺寸界线的长度，该设置仅当参数"尺寸界线控制点"设置为"固定尺寸标注线"时方可使用。

尺寸界线与图元的间隙：该设置仅当参数"尺寸界线控制点"设置为"图元间隙"时可用。

尺寸界线延伸：用来设置尺寸界线超出文字标注线的长度。

中心线符号、中心线样式、中心线记号：如果尺寸标记的图元具有中心线参照，将中心线作为尺寸标记的参照时（墙等）上述参数可设置其外观样式。

同基准尺寸设置：仅当将参数"标注字符串类型"设置为"纵坐标"时可用，用来控制纵坐标标记的外观样式，控制文字对齐位置或文字方向等。

颜色：用来控制标记尺寸线及标记文字的颜色。

2. 文字属性

主要文字属性选项如图 3-14b、c 所示，介绍如下。

宽度系数：指定文字字符串的缩放比率。

下划线、斜体、粗体：为复选框，用来控制文字相应外观。

文字大小：指定标注字体字号。

文字偏移：控制标注文字与尺寸标注线的距离。

读取规则：用来指定尺寸标注文字的读取规则，实际为控制标记文字与尺寸标注线的位置关系。

文字字体：指定尺寸标注字体。

文字背景：控制尺寸标注文字标签是否透明。

单位格式、备用单位、备用单位格式：指定输出文字的单位显示格式。

除此之外，尺寸标注属性中还包括其他属性，主要有"等分文字符号"（EQ）、"等分公式"和"等分尺寸界线"等设置，一般不做修改，特殊情况下可以根据需求调整。

3.2.3　项目准备

实训目标：掌握使用 Revit2016 链接 CAD 图的处理技巧，熟悉仅当前视图、导入单位和定位以及项目文件保存设置等操作。

1. 图样处理

目前在常规的 BIM 建模操作中，往往是先接到设计院提供的图样，然后依托图样建立 BIM，符合现阶段设计施工流程。现在常用的 BIM 建模软件都为操作者提供了导入 CAD 底图的功能，Revit 当然也不例外。使用底图的初衷是使建模操作更加快捷，通常不将未经修改的设计图作为底图导入模型，而是需要对原始的图样进行一定的处理。

目前导入的工程图大多为 AutoCAD 绘制的 .dwg 格式文件，同时 Revit 也支持导入图片或者其他相关格式作为底图。对底图的处理一般在绘制图样的软件中进行，这里不详细描述样例，但图样处理必须遵循下列基本原则：第一，完成处理后的底图必须包含充分的本专业建模信息；第二，作为底图的图样与所建专业模型无关的信息应尽可能删除或简化；第三，根据个人建模习惯对图样中初始设置的颜色和线型进行调整，以导入后显示清晰为准。

在完成底图所用图样的处理后，可以将图样导入模型建立的位置，导入菜单，如图 3-15 所示。链接和导入的区别主要在于链接后的图样修改能反映在项目中，而导入后的不能。

导入时应保证定位的准确性，一般情况下，可以通过轴网对准项目基点的操作方式来完成。

图 3-15　图样导入菜单

这里通过链接图样的方式，以教学楼一层图样为例进行介绍。如图 3-15 所示，首先单击"插入"选项卡，单击"链接 CAD"工具，找到教学楼图样文件所在的文件目录，如图 3-16 所示，选择"一层平面图"文件，勾选"仅当前视图"，在"颜色"下拉菜单中选择"保留"，"图层/标高"下拉菜单中选择"全部"，"导入单位"下拉菜单中选择"毫米"，"定位"下拉菜单中选择"自动-中心到中心"。

图 3-16　链接教学楼一层平面图

图样链接到项目后的视图如图 3-17 所示。

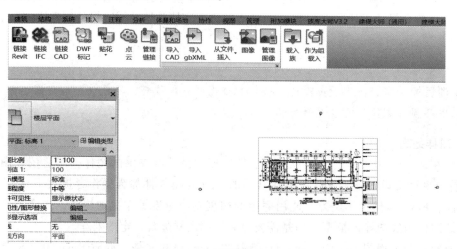

图 3-17　图样链接到 Revit

☀提示：通过"链接"功能链接的 CAD 图，在操作过程中应注意以下三点。

1）勾选"仅当前视图"复选框，意思为图样仅在本层视图中可见，在三维和其他楼层平面不可见，因为分层建模中，每层建模需要链接 CAD 图，勾选"仅当前视图"防止影响以后操作的视图。

2）Revit 默认的"导入单位"为毫米，如果没有选择"毫米"，会导致链接的图样与项目实际尺寸对接不上，那就失去了 CAD 底图参照的最终目的。

3）在"定位"下拉菜单选择"自动-中心到中心"，指链接的 CAD 图中心与项目的中心虽然不会自动定位重合，但至少不会偏离图样太多，方便后续的建模操作。

2. 项目保存机制

Revit 软件不会自动保存项目文件，BIM 是依靠不同专业的模型进行整合，以实现其价值，所以对不同的模型应依据不同的样板或者模板进行建模并保存，下文将以建筑为例介绍模型创建和保存。

（1）设置保存提醒时间间隔 启动 Revit2016，进入如图 3-18 所示界面，在"样板文件"栏中选择"建筑样板"，单击"确定"按钮。

图 3-18 新建建筑样板

进入 Revit 绘图界面后，为了防止计算机在建模过程中出现问题导致图形丢失，单击"应用程序" ，进入如图 3-19 所示的界面，单击"选项"按钮，进入如图 3-20 所示界面。

图 3-19 打开应用程序

图 3-20 保存提醒设置

在图 3-20 所示的界面中，选择"常规"选项，进行软件"保存提醒间隔"设置，软件会按照设置的时间提示保存文件。

（2）保存项目文件　新建模型建立后需要保存，可以如同其他软件一样通过快捷键保存，也可以通过进入图 3-19 所示的界面选择"保存"或"另存为"命令进行保存。进入图 3-21 所示的保存界面后，在"文件名"栏中填写"教学楼建筑模型"，文件类型为"项目文件（*. rvt）"。

图 3-21　保存文件

习　题

3-1　Revit 中临时隐藏的快捷键是什么？（　　）

A. HH　　　　　　B. HI　　　　　　C. HL　　　　　　D. HR

3-2　下列哪一项不属于 Revit 视图控制栏中的详细程度？（　　）

A. 精细　　　　　　B. 中等　　　　　　C. 粗略　　　　　　D. 简单

3-3　当 Revit 软件中，属性和项目浏览器不可见时，该如何操作使其在软件界面中显示？

第 4 章

标高和轴网的创建与编辑

4.1 标高的创建与编辑

在 Revit 中，标高与轴网是建筑构件在立面、剖面和平面视图中定位的重要依据，是建筑设计重要的定位信息，事实上，标高和轴网是在 Revit 平台上实现建筑、结构、机电各专业间三维协同设计的工作基础与前提条件。

在 Revit 中设计项目，可以从标高和轴网开始，根据标高和轴网信息建立墙、门、窗等构件模型；也可以先建立概念体量模型，再根据概念体量生成标高、墙、门、窗等三维构件模型，最后再加轴网、尺寸标注等注释信息，完成整个项目。两种方法殊途同归，本书将以第一种方法来完成所选教学楼项目，这符合国内绝大多数建筑设计院的设计流程。本章将介绍如何创建项目的标高和轴网定位信息，并对标高和轴网进行修改。

在 Revit 中创建模型时，应遵循"由整体到局部"的原则，从整体出发，逐步细化。建议读者在 Revit 中工作时遵循这一原则进行设计，在创建模型时，不需要过多考虑与出图相关的内容，而是在模型全部创建完成后，再完成出图工作。

建筑物中的墙体、门、窗、阳台等构件的定位都与轴网、标高息息相关。在平面图中，轴网用于反映平面上建筑构件的定位情况；在立面图中，标高用于反映建筑构件在高度方向上的定位情况。

> **建议：** 先创建标高，再创建轴网。

4.1.1 创建标高

> **实训目标：** 以教学楼为例，建立教学楼的标高以完成教学楼模型的高度方向的定位情况。

1. 标高的概念

在开始用 Revit 建模前，应先对项目的层高和标高信息做出整体规划。在建立模型时，Revit 将通过标高确定建筑构件的高度和空间位置。

标高反映建筑构件在高度方向上的定位情况，是在空间高度上相互平行的一组平面，由标头和标高线组成。标头反映了标高的标头符号样式、标高值、标高名称等信息。标高线反映标高对象投影的位置和线型，如图 4-1 所示。

2. 绘制标高

准备工作：读者可查看给出的教学楼项目图，以理解教学楼项目中标高的分布情况。教学楼标高线如图 4-2 所示。

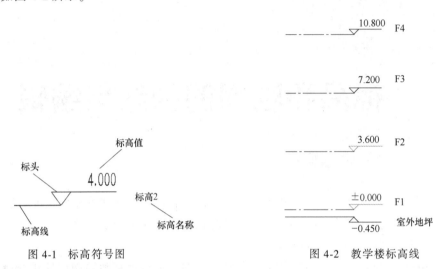

图 4-1　标高符号图　　　　　　　　图 4-2　教学楼标高线

（1）新建项目文件以及设置项目单位

1）新建项目文件：启动 Revit，默认将打开"最近使用的文件"页面。单击左上角的应用程序菜单按钮，在列表中选择"新建"→"项目"命令，弹出"新建项目"话框，如图 4-3 所示，在"样板文件"栏中选择某一个项目为模板，在"新建"栏中选择"项目"。

2）设置项目单位：默认将打开"F1"楼层平面视图。切换至"管理"选项，单击"设置"面板中的"项目单位"工具，打开"项目单位"对话框，如图 4-4 所示。注意当前项目中"长度"单位为 mm，面积单位为 m²，单击"确定"按钮退出"项目单位"对话框。

图 4-3　新建项目对话框　　　　　　　　图 4-4　项目单位对话框

💡提示：项目的默认单位由项目所采用的项目样板决定。单击"单位"栏中各种单位后的按钮，可以修改项目中该类别的单位格式。

（2）修改南立面视图默认标高值 在项目浏览器中展开"立面"视图类别，双击"南立面"视图名称，切换至南立面视图。在南立面视图中，显示项目样板中设置的默认标高F1 与 F2，且 F1 标高为±0.000m，F2 标高为 3.000m。

使用鼠标中部滚轮进行图形的区域放大，在视图中适当放大标高左侧标头位置，单击"F2"标高线选择该标高符号，如图 4-5 所示，标高"F2"将高亮显示。

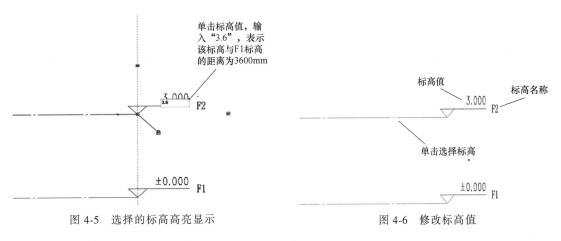

图 4-5 选择的标高高亮显示   图 4-6 修改标高值

移动鼠标指针至标高"F2"的标高值位置，单击标高值，进入标高值文本编辑状态。如图 4-6 所示。按〈退格〉键，删除文本编辑框内的数字，输入 3.6，按〈Enter〉键确认输入。Revit 将向上移动"F2"标高至 3.6m 位置，同时该标高与 F1 标高的距离为 3600mm。

💡提示：在样板中，已设置标高的对象，其标高值的单位为 m，因此在标高值处输入"3.6"时，Revit 将自动换算为项目单位 3600mm。

（3）标高命令的使用

创建基准面以上的标高的步骤如下：

1）确认绘制标高的方式：如图 4-7 所示，单击"建筑"选项卡"基准"面板中的"标高"工具，进入"放置标高"模式，Revit 自动切换至"修改放置标高"选项卡。单击"绘制"面板中◪按钮，设置标高的生成方式为"直线"，确认选项栏中已勾选"创建平面视图"选项，设置偏移量为 0.0。

2）选择标高的类型：如图 4-8 所示，单击"属性"面板中的类型选择器列表，在弹出的列表中将显示当前项目中所有可用的标高类型。移动鼠标指针至"标高：上标头"处单击，将"标高：上标头"类型设置为当前类型。

3）绘制标高：移动鼠标指针至标高"F2"上方任意位置，鼠标指针将显示为绘制状态，并在指针与标高"F2"间显示临时尺寸标注，指示指针位置与"F2"标高的距离（注意临时尺寸的长度单位为 mm）。移动鼠标，当指针位置与标高"F2"端点对齐时，Revit 将捕捉已有标高端点并显示端点及对齐的蓝色虚线，如图 4-9 所示。单击鼠标左键，确定为标高起点。

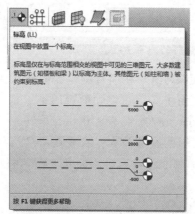

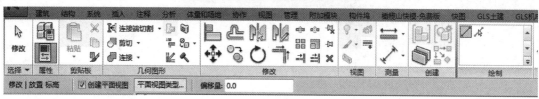

图 4-7　直线方式绘制标高

　　沿水平方向向右移动鼠标，在指针和起点间绘制标高，适当缩放视图，当指针移动至已有标高右侧端点位置时，Revit 将显示端点对齐位置，单击鼠标左键完成标高绘制。Revit 自动命名该标高为"F3"，并根据其与标高"F2"的距离自动计算标高值。按〈Esc〉键两次退出标高绘制模式。注意观察项目浏览器中的楼层平面，图 4-9 绘制标高点后，视图中将自动建立"F3"的楼层平面视图。

　　4）确定标高的位置：单击选择上一步中绘制的"F3"标高，Revit 在标高"F3"与"F2"之间显示临时尺寸标注，修改临时尺寸标注值为"3600"，按〈Enter〉键确认。Revit 将自动调整标高"F3"的位置，同时自动修改标高值为 7.200，如图 4-10 所示。选择标高"F3"后，可能需要适当缩放视图才能在视图中看到临时尺寸线。

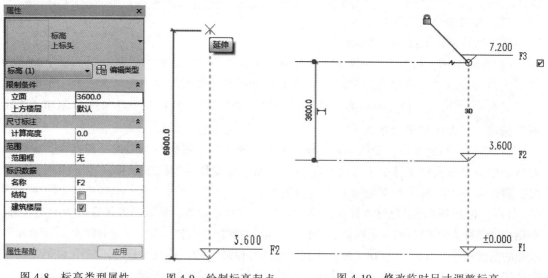

图 4-8　标高类型属性　　　　图 4-9　绘制标高起点　　　　图 4-10　修改临时尺寸调整标高

5）复制生成其他标高：选择标高"F3"，Revit 自动切换至"修改|标高"选项卡，单击"修改"面板中的"复制"工具，勾选"修改|标高"选项栏中的"多个"选项，如图 4-11 所示。

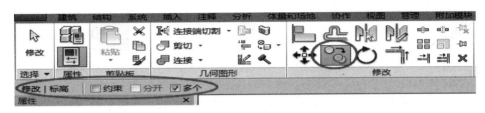

图 4-11　修改选项栏

单击标高"F3"上任意一点作为复制的基点，向上移动鼠标，使用键盘输入"3600"并按〈Enter〉键确认，作为第一次复制的距离。Revit 将自动在标高"F3"上方 3600mm 处复制生成新标高，并自动命名为"F4"。按〈Esc〉键退出复制操作，Revit 将自动计算标高值，如图 4-12 所示。也可以采用阵列形式生成其他标高。

（4）基准面以下的标高

1）确定标高绘制方式以及设置标高属性。单击"建筑"选项卡"基准"面板中的"标高"工具，切换至"修改放置标高"选项卡，确认绘制方式为"直线"，勾选选项栏中的"创建平面视图"选项。单击"属性"面板中的类型选择器，在列表中单击标高类型为"下标头"，如图 4-13 所示。

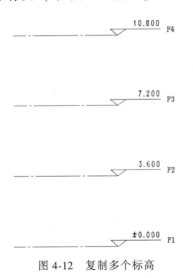

图 4-12　复制多个标高

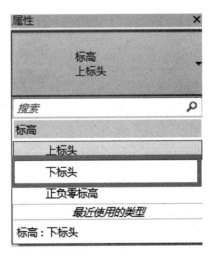

图 4-13　下标头绘制 ±0.000 以下标高

2）绘制标高。如图 4-14 所示，移动鼠标指针至标高"F1"的左下角，将在当前指针位置与"F1"标高之间显示临时尺寸，当指针捕捉标高"F1"左端点对齐位置时，直接通过键盘输入"450"并按〈Enter〉键确认，Revit 将标高 F1 下方 450mm 处的位置确定为标高的起点，向右移动鼠标指针，直到捕捉"F1"标高右侧标头对齐位置时，单击鼠标左键完成标高绘制。Revit 将以"下标头"形式生成标高，自动命名为"F5"，并为该标下标头，生成名称为"F5"的楼层平面视图，如图 4-15 所示。完成后按〈Esc〉键两次，退出绘制模式。

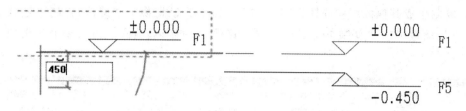

图 4-14　绘制室外地坪标高

> **提示**：Revit 将自动按上次绘制的标高名称编号累加 1 的方式自动命名新建标高。

3）修改标高名称。选择上一步中绘制的标高"F5"，自动切换至"修改|标高"上下文选项卡，如图 4-15 所示。双击"标高 5"进入修改名称界面并将名称修改为"室外地坪"，按〈Enter〉键，会出现弹窗"是否希望重新命名该视图"，单击"确定"按钮，应用该名称。

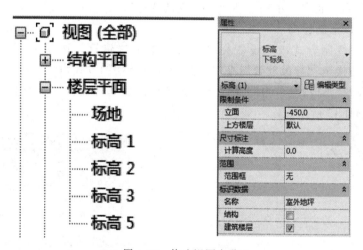

图 4-15　修改视图名称

> **提示**：选择标高，在"属性"面板可以直接对标高名称进行编辑和修改，并按〈Enter〉键确认，如图 4-15 所示。同样可以实现标高名称的修改，Revit 不允许出现相同标高名称。

（5）保存标高项目文件　单击软件左上角的"应用程序按钮" ，在菜单中选择"保存"选项，第一次保存项目时 Revit 会弹出"另存为"对话框。在"另存为"对话框中，指定保存位置并命名"教学楼"，在保存之前单击"选项"按钮，将"最大备份数"修改为"3"，如图 4-16 所示。修改完成后单击"保存"按钮，将项目保存为 .rvt 格式的文件。

最大备份数是为方便用户找回保存前的项目状态。在不修改备份数时保存文件，Revit 默认将为用户自动保留 20 个备份文件，修改最大备份数为 3 后，Revit 将自动按 filename. 001. rvt、filename. 002. rvt、filename. 003. rvt 的文件名称保留备份文件。

如图 4-16 所示，修改"最大备份数"，设置允许 Revit 保留的历史版本数量。当保存次

a)   b)

图 4-16　文件保存选项

数达到设置的"最大备份数"时，Revit 将自动删除最早的备份文件。

4.1.2　编辑标高

实训目标：进行标高的有关设置操作。

1. 标高属性有关参数设置

选择任意一根标高线，单击"属性"面板的"编辑类型"，打开"类型属性"对话框，对标高显示参数进行编辑操作，如图 4-17 所示。

2. 编辑标高操作

选择任意一根标高线，会显示临时尺寸、一些控制符号和复选框（图 4-18），可以编辑其尺寸值、单击并拖拽控制符号可整体或单独调整标高的标头位置、控制标头隐藏或显示、标头偏移等操作。

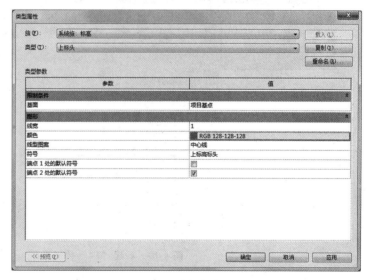

图 4-17　编辑标高属性

例如，将标高名称从上至下依次修改为"F4""F3""F2""F1""室外地坪"，如图 4-18 所示。

提示：2D/3D 切换，如果处于 2D 状态，则表明所做的修改只影响本视图，不影响其他视图；如果处于 3D 状态，则表明所做的修改会影响其他视图。

标头对齐设置：表明所有标高的标头会一致对齐。

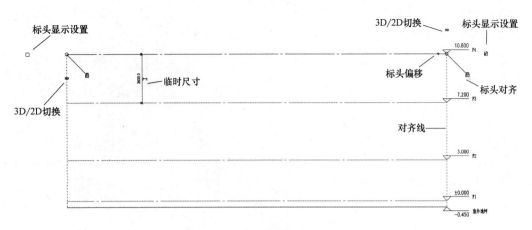

图 4-18　编辑标高

3. 阵列、复制的标高生成对应的楼层平面操作

阵列复制的标高是参照标高，不会创建楼层平面，标头是黑色显示，需要进一步手动创建楼层平面：单击"视图"选项卡→"平面视图"工具"楼层平面"，单击"楼层平面"命令，会弹出显示窗口，选择"F4"单击"确定"按钮即可生成 F4 楼层平面，如图 4-19 所示。

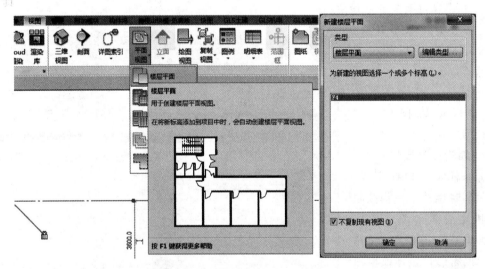

图 4-19　新建"F4"楼层平面

4.2　轴网的创建与编辑

4.2.1　创建轴网

> **实训目标**：创建教学楼的轴网，如图 4-20 所示。

轴网用于在平面视图中定位项目图元，标高创建完成后，可以切换至任意平面视图

（楼层平面视图）来创建和编辑轴网。

在 Revit 中，创建轴网的过程与创建标高的过程基本相同，其操作也一致。

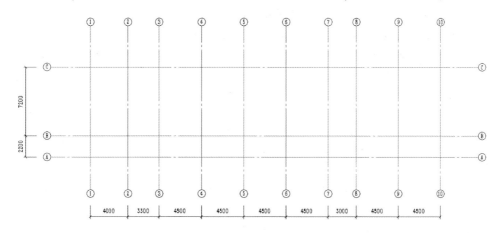

图 4-20 教学楼轴网

1）打开"F1"楼层平面视图。打开"教学楼.rvt"项目文件，切换至"F1"楼层平面视图。楼层平面视图中 符号表示本项目中东、南、西、北各立面视图的位置。

2）确认绘制轴线的方式。单击"建筑"选项卡"基准"面板中的"轴网"工具，自动切换至"修改|放置轴网"选项卡，进入轴网放置状态，单击绘制面板中 按钮，确定轴网绘制方式为"直线"，确认选项栏中的"偏移量"为"0.0"，如图 4-21 所示。

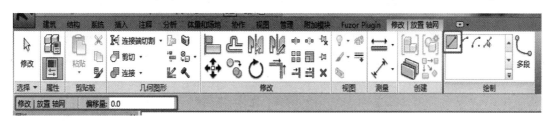

图 4-21 确认绘制轴线的方式

3）绘制第一条轴线。移动鼠标指针至空白视图左下角处单击，作为轴线起点，向上移动鼠标指针，Revit 将在指针位置与起点之间显示轴线路径预览，并给出当前轴线方向与水平方向的临时尺寸的角度标注。当绘制的轴线沿垂直方向时，Revit 会自动捕捉垂直方向，并给出垂直捕捉参考线。沿垂直方向向上移动鼠标指针至视图左上角位置时，单击鼠标左键完成第一条轴线的绘制，并自动为该轴线编号为"①"。绘制①号轴线后，可单击轴线并单击"类型属性"面板中左边的"参数"状态栏中的相应选项，根据绘制要求进行轴网宽度、颜色、填充图案等功能的设置，如图 4-22 所示。

💡提示：确定起点后按住〈Shift〉键不放，Revit 将进入正交绘制模式，可以约束在水平或垂直方向绘制。

4）利用临时尺寸绘制第二条轴线。确认 Revit 仍处于放置轴线状态，移动鼠标指针至①轴线起点右侧任意位置，Revit 将自动捕捉该轴线的起点，给出端点对齐捕捉参考线，并在指针与①轴线间显示临时尺寸标注，指示指针与①轴线的间距。

输入"4000"并按〈Enter〉键确认，将在距①轴线右侧4000mm处确定为第二条轴线起点，如图4-23所示，向上移动鼠标绘制第二条轴线。

5）同样，绘制完成全部垂直方向轴网，如图4-24所示。

6）绘制水平方向的第一条轴线：使用"轴网"工具，采用与前面操作中完全相同的参数，按图4-25所示位置沿水平方向绘制第一根水平轴线，Revit将自动按轴线编号累加1的方式自动命名轴线编号为"⑪"。

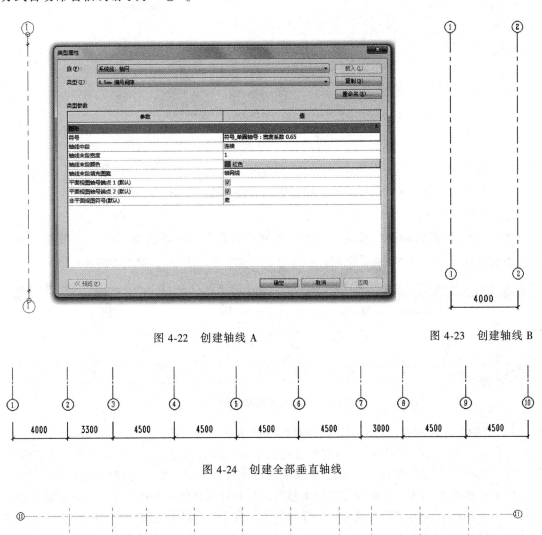

图4-22　创建轴线A

图4-23　创建轴线B

图4-24　创建全部垂直轴线

图4-25　创建第一条水平轴线

7）修改水平方向轴线的编号。选择上一步中绘制的水平轴线，单击轴网标头中轴网编号，进入编号文本编辑状态。删除原有编号值，使用键盘输入"A"，按〈Enter〉键确认输入，该轴线编号将修改为"A"，如图 4-26 所示。

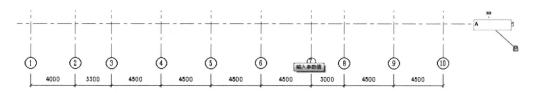

图 4-26 修改第一条水平轴网

8）绘制水平方向第二条轴线：确认 Revit 仍处于轴网绘制状态，在 A 轴正上方 2200mm 处，确保轴线端点与 A 轴线端点对齐，自左向右绘制水平轴线，Revit 自动为该轴线编号，如果不符合要求，修改为"B"，如图 4-27 所示。

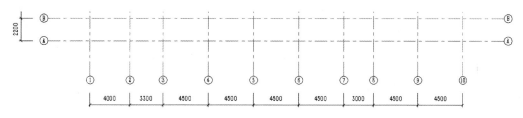

图 4-27 创建第二条水平轴网

9）利用复制命令绘制水平方向轴线。单击 A 轴线上的任意一点，自动切换至"修改轴网"选项卡，单击"修改"面板中的"复制"工具，进入复制状态。如图 4-28 所示，选择 B 轴线为复制基点后向上移动鼠标并输入复制间距值"7200"，按〈Enter〉键确认输入"C"，轴网即复制完成。

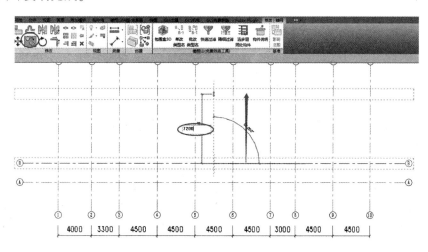

图 4-28 复制创建第三条水平轴网

10）完成上述操作后即轴网绘制完成，完成后如图 4-20 所示。

11）视图符号应位于轴网外侧，故需将位于轴网内部的立面视图符号进行相应拖动，使之位于轴网四周。

4.2.2 编辑轴网

Revit中轴网对象与标高对象类似，是垂直于标高平面的一组"轴网面"，因此它可以在与标高平面相交的平面视图（包括楼层平面视图与顶棚视图）中自动产生投影，并在相应的立面视图中生成正确的投影。注意，只有与视图截面垂直的轴网对象才能在视图中生成投影。

Revit的轴网对象同样由轴网标头和轴线两部分构成，如图4-29所示。轴网对象的操作方式与标高对象基本相同，可以参照标高对象的修改方式修改、定义Revit的轴网。

1）轴网参数的认识。轴网参数如图4-29所示。

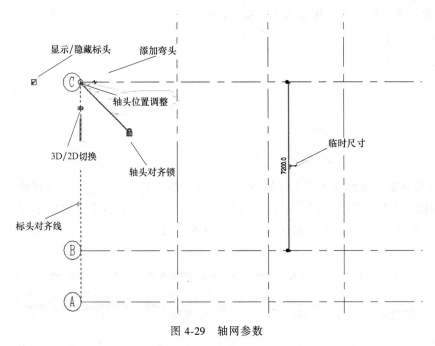

图4-29 轴网参数

2）轴网3D与2D区别在于：拖拽轴头位置方式修改轴线的长度在3D状态下修改"F1"轴线的长度，楼层平面"F2"对应的轴线①的长度也发生了变化。单击3D符号，切换到2D状态，拖拽轴头位置方式修改轴线的长度，在2D状态下修改"F1"轴线的长度，楼层平面"F2"对应的轴线①的长度没有发生相应的变化。

2D状态下，修改轴线的长度等于是修改了轴线在当前视图的投影长度，并没有影响轴线的实际长度；3D状态下修改轴线的长度，事实上是修改了轴线的三维长度，会影响轴网在所有视图中的实际投影。如果想修改2D轴网长度影响到其他视图中去，单击鼠标右键，选择重设三维范围。

3）创建标高与创建轴网顺序的区别，如图4-30所示。

若绘制完轴网后需新建标高，新建标高"F5"并生成相应的"F5"楼层平面视图。切换到"F5"，在"F5"楼层平面图中并没有生成对应的轴网，原因是轴网的高度没有达到"F5"，不能在"F5"上形成轴网的投影，修改轴网的高度达到"F5"就可以在"F5"楼层平面视图中形成轴网的投影。

先绘制标高，再绘制轴网，默认的轴网会将轴网映射到所有的标高。

4）编辑教学楼的轴网操作。轴头处于锁定状态，单击"解锁"符号，解除与其他轴线的关联状态，即可对单独的一根轴线进行编辑。

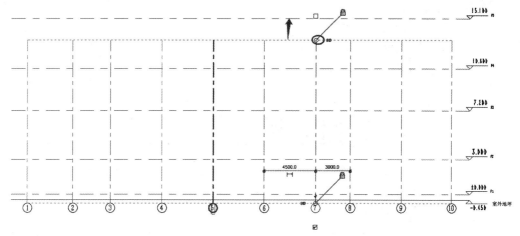

图 4-30　创建轴网与创建标高顺序

习　题

4-1　Revit 在绘制标高后不需要进行视图调整在项目浏览器中就能显示标高楼层的绘制方式是（　　）。

A. 复制　　　　　B. 阵列　　　　　C. 直接绘制　　　　　D. 移动

4-2　Revit 中不属于轴网的绘制方式有（　　）。

A. 直线　　　　　B. 识别　　　　　C. 拾取　　　　　D. 矩形

4-3　根据图 4-31 所示轴网样式绘制出轴网（角度：30°，轴网数 12 根），绘制完存储名称为"第 4 章轴网练习"。

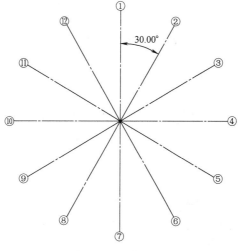

图 4-31　习题 4-3 图

第5章

墙体的创建与编辑

在 Revit 中，根据不同的用途和特性，模型对象被划分为很多类别，如墙、门、窗、家具等。本书从建筑的最基本的模型构件——墙开始介绍。

在 Revit 中，墙属于系统族，即可以根据指定的墙结构参数定义生成三维墙体模型。Revit 提供了墙工具，用于绘制和生成墙体对象。在 Revit 中创建墙体时，需要先定义好墙体的类型，包括墙厚、做法、材质、功能等，再指定墙体的平面位置、高度等参数。

5.1 外墙的定义和绘制

实训目标：完成教学楼外墙的绘制，熟悉 Revit 定义墙的类型以及绘制墙的方法。教学楼外墙做法从外到内依次为 5mm 厚外墙瓷砖、190mm 厚砖、5mm 厚内粉，其平面布置如图 5-1 所示。

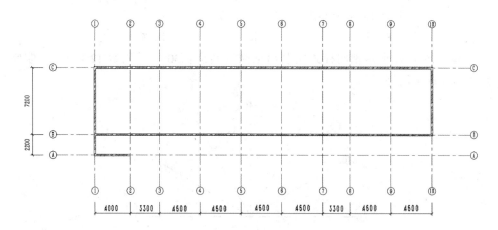

图 5-1 教学楼外墙

1. 定义墙的类型

在 Revit 中创建模型对象时，需要先定义对象的构造类型。要创建墙图元，必须创建正确的墙的类型。Revit 中墙类型设置包括结构厚度、墙做法、材质、功能等。

（1）定义墙的名称

1) 打开墙工具。打开标高和轴网文件，切换至"F1"楼层平面视图。单击"建筑"选项卡的"构建"面板中的"墙"工具下拉列表，在列表中选择"墙：建筑墙"工具，自动切换至"修改 | 放置 墙"选项卡，如图5-2所示。

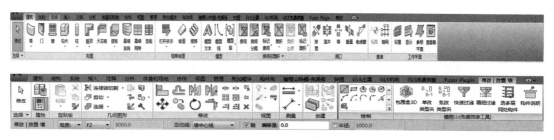

图5-2 选择墙工具

在"属性"面板的类型选择器中，选择列表中的"基本墙"族下面的"常规-200mm"类型，以该类型为基础进行墙类型的编辑，如图5-3a所示。注意当前列表中共有若干种墙族，设置当前族为"系统族：基本墙"，此时类型列表中将显示"基本墙"族中包含的族类型。

2) 定义墙名称。单击"属性"面板中的"编辑类型"按钮（图5-3b），打开墙"类型属性"对话框。单击该对话框中的"复制"按钮，在"名称"对话框中输入"教学楼—砖墙200—外墙"作为新类型名称，单击"确定"按钮返回"类型属性"对话框，为基本墙族创建名称为"教学楼—砖墙200—外墙"的新类型，如图5-4所示。

图5-3 选择墙类型

（2）定义墙的各类型参数 在"类型属性"对话框中，除了能够复制类型外，还可以在类型"参数"列表中设置各种参数，如图5-4所示。

1) 设定功能参数。在Revit墙类型参数中，"功能"用于定义墙的用途，它反映墙在建筑中所起的作用。Revit提供了外墙、内墙、挡土墙、基础墙、檐底板及核心竖井6种墙功能。在管理墙时，墙功能可以作为建筑信息模型中信息的一部分，用于对墙进行过滤、管理和统计。

确认"类型属性"对话框墙体类型参数列表中的"功能"为"外部"，单击"结构"参数后的"编辑"按钮，打开"编辑部件"对话框。

2) 设定结构参数。

① 插入新的结构层。墙的完整构造层如图5-5a所示，连续单击"编辑部件"对话框中

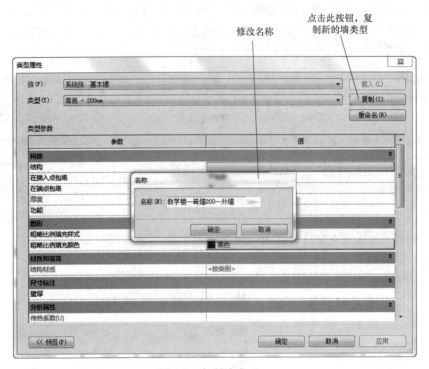

图 5-4　复制墙类型

的"插入"按钮两次，在"层"列表中插入两个新层，新插入的层默认厚度为 0.0，且功能均为"结构 [1]"。墙部件定义中，"层"用于表示墙体的构造层次。"编辑部件"对话框中定义的墙结构列表中从上（外部边）到下（内部边）代表墙构造从"外"到"内"的构

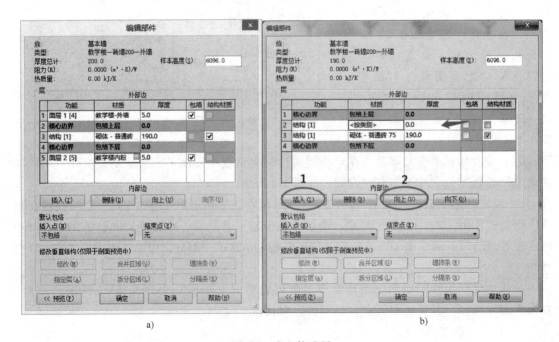

图 5-5　定义构造层

造顺序。

② 向上移动结构层。单击编号 2 的墙构造层，Revit 将高亮显示该行。单击"向上"按钮，向上移动该层直到该层编号变为 1（图 5-5b），修改该行的"厚度"值为 5.0。注意其他层编号将根据所在位置自动修改。

③ 设定结构层的功能。如图 5-6 所示，单击第 1 行的"功能"单元格，在功能下拉列表中选择"面层 1［4］"。

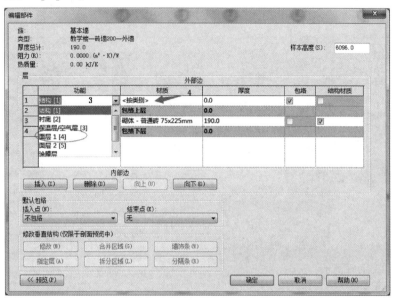

图 5-6　设置功能及厚度

④ 定义结构层的材质。新建材质：单击第 1 行"材质"单元格中的"浏览" [...] 按钮，弹出如图 5-7 所示的"材质浏览器"对话框。单击下方的"新建/复制"按钮，选择"新

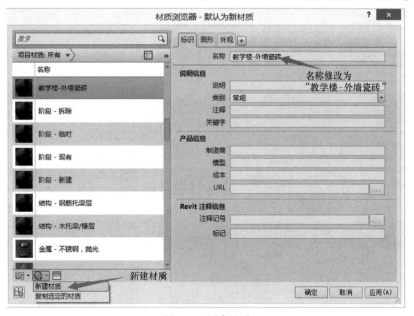

图 5-7　新建材质

建材质"选项新建出"默认为新材质"。

材质命名：单击右侧"标识"选项卡，在"名称"文本框中输入"教学楼-外墙瓷砖"为材质重命名，如图5-7所示。

定义材质：单击资源浏览器按钮，在右侧会出现资源浏览器功能界面，在搜索栏搜索"瓷砖"，搜索完成后功能栏左侧会出现"外观库"，单击"陶瓷"分类展开功能栏选择"瓷砖"右侧则会显示多项瓷砖种类，即根据需要单击瓷砖样式，暂定选用"1.5英寸方形-褐色"，双击选中即可，如图5-8所示。

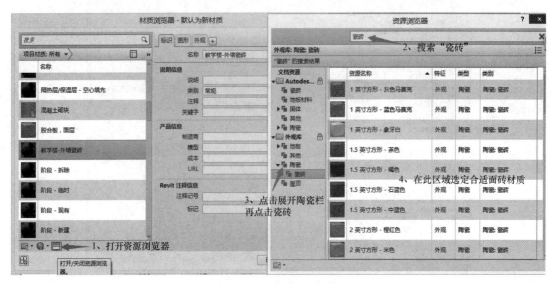

图5-8　定义瓷砖材质

瓷砖材质定义完成之后对教学楼内粉材质进行定义，新建材质步骤同上，新建材质完成之后进行材质选择，步骤同上，此次暂定选用"白色"，双击选中即可，如图5-9所示。

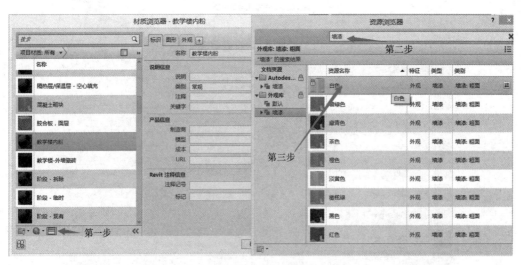

图5-9　定义内粉材质

完成所有结构层参数的设置后，墙的结构层"编辑部件"如图5-10所示。当设置完成墙体的类型以及内部的材质类型后就可以开始绘制墙体了。

2. 墙的绘制和编辑

（1）确定绘制墙的方式 首先，将之前绘制的轴网全部框选，选中后对其进行锁定，避免后面操作对轴网进行移动而导致的问题，如图 5-11 所示。

确定当前工作视图为"F1"楼层平面；确定 Revit 仍处于"修改 | 放置 墙"状态，如图 5-12 所示。设置"绘制"面板中的绘制方式为"直线"。

（2）确定墙的高度及定位线等参数 如图 5-12 所示，设置选项栏中的墙"高度"为"F2"，即该墙高度由当前视图标高"F1"直到标高"F2"。设置墙"定位线"为"核心层中心线"；勾选"链"选项，将连续绘制墙；设置偏移量为 0.0。

Revit 提供了 6 种墙定位方式：墙中心线、核心层中心线、面层面内部、面层面外

图 5-10 外墙结构层

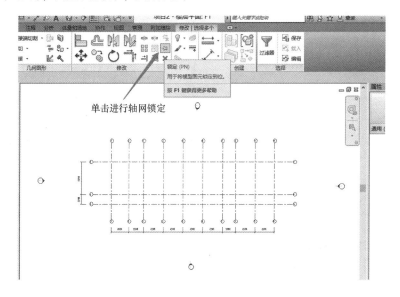

图 5-11 锁定轴网

部、核心面内部和核心面外部。本节介绍墙构造时也介绍了墙核心层的概念。在墙"类型属性"定义中，由于核心内外表面的构造可能并不相同，因此核心层中心线与墙中心线也可能并不重合。请读者思考在本例中"教学楼—砖墙 200—外墙"墙中心与墙核心层中心线是否重合。

（3）创建墙 确认"属性"面板类型选择器中，"基本墙：教学楼—砖墙 200—外墙"

图 5-12 设置"墙"工具选项

设置为当前墙类型。在绘图区域内，鼠标指针变为绘制状态"+"。适当放大视图，移动鼠标指针至①轴与 A 轴线交点位置，Revit 会动捕捉两轴线交点，单击鼠标左键作为墙绘制的起点。移动鼠标指针，Revit 将在起点和当前鼠标位置间显示预览示意图。沿①轴线垂直向上移动鼠标指针，直到捕捉至①轴与 C 轴交点位置，单击作为第一面墙的终点；沿 C 轴向右继续移动鼠标指针，捕捉 C 轴与⑩轴交点，单击，完成第二面墙；沿⑩轴向下再移动鼠标，捕捉⑩轴与 B 轴的交点，单击，完成第三面墙；沿 B 轴向左继续移动鼠标指针，捕捉 B 轴与①轴的交点，单击，完成第四面墙。完成后按〈Esc〉键一次重新选择起点，捕捉①轴与 A 轴作为起点，沿 A 轴向右继续移动鼠标指针，捕捉 A 轴与②轴的交点，单击，完成第五面墙。完成后按〈Esc〉键两次，退出墙绘制模式，如图 5-13 所示。

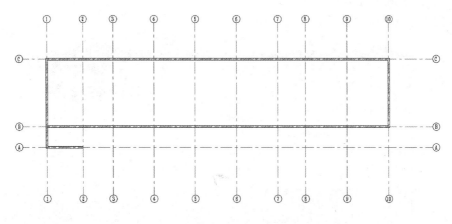

图 5-13 绘制外墙

由于勾选了选项栏中的"链"选项，在绘制时第一面墙的绘制终点将作为第二面墙的绘制起点。

3. 墙的三维效果显示

单击"快速访问工具栏"中的"默认三维视图"按钮，切换至默认三维视图。在视图底部视图控制栏中切换视图显示模式为"真实"。观察上一步中绘制的所有墙体的三维模型状态（选择墙体按〈空格〉键可进行墙体方向置换）。切换三维显示如图 5-14 所示。

如图 5-15 所示，在三维视图中，移动鼠标指针至任意墙顶部边缘处，指针处外墙将高亮显示，单击，按住〈Ctrl〉键进行多项选取，将其他几面墙进行单击选择，所有已选择的墙都会高亮显示的墙。在"属性"面板中设置"底部限制条件"为"室外地坪"，单击该面板底部的"应用"按钮，查看外墙高度变化，如图 5-15 所示。

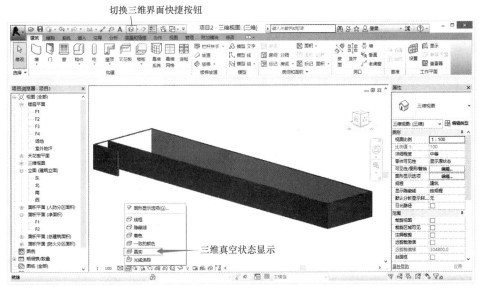

图 5-14 切换三维显示

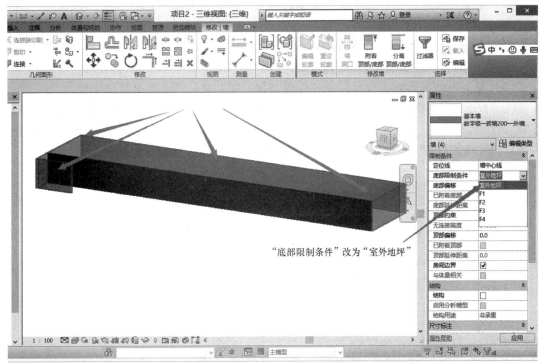

图 5-15 调整选择外墙底部标高

5.2 内墙的定义和绘制

实训目标：完成教学楼外墙的绘制，熟悉 Revit 定义墙的类型以及绘制墙的方法。教学楼外墙做法从外到内依次为 5mm 厚粉刷、190mm 厚砖、5mm 厚粉刷，如图 5-16 所示。

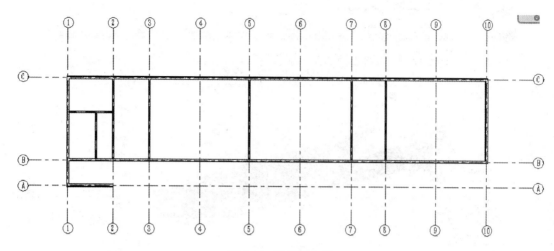

图 5-16　教学楼内墙

1. 定义墙的类型

（1）定义内墙的名称　打开教学楼墙的项目文件，切换至"F1"楼层平面视图，使用"墙"工具，在"属性"面板的"类型"选择器中，选择墙类型为"基本墙：教学楼—砖墙200—外墙"。打开"类型属性"对话框，以该类型为基础，复制建立名称为"教学楼—砖墙200—内墙"，并设置"功能"为"内部"的新基本墙类型。复制墙类型图如图 5-17 所示。

（2）定义内墙各类型参数　打开"编辑部件"对话框。单击第 1 行"面层 1 ［4］"的材质栏"教学楼—外墙瓷砖"旁的"…"号进行材质替换，如图 5-18 所示。在材质浏览器中搜索"教学楼内粉"，单击选择并按"确认"按钮即设置完成。如图 5-19 所示，设置完成后单击"确定"按钮返回"类型属性"对话框，完成内墙结构设置，如图 5-20 所示。

图 5-17　复制墙类型图

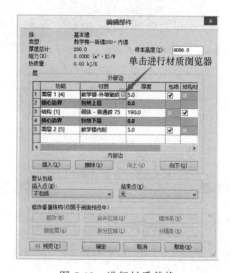

图 5-18　进行材质替换

2. 创建内墙

确定绘制方式是直线后，分别在轴线 B、C 上，与 2、3、5、7、8 之间绘制垂直内墙，

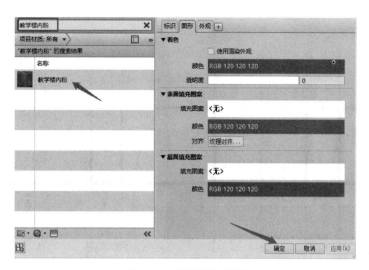

图 5-19　选择替换材质

按两次〈Esc〉键，退出连续绘制状态，如图 5-21 所示。

继续绘制其他内墙。注意：内部卫生间内墙厚度仅为 120mm，因此需新建"教学楼—砖墙 120—内墙"墙体类型（内粉：5mm，砖墙：110mm，内粉：5mm），如图 5-20 所示。因其卫生间内墙位置未设置轴网，所以需要使用参照平面进行墙体定位辅助，首先选择"参照平面"快捷工具，其次在"偏移量"栏输入"4200"，如图 5-22 所示。随后单击 B 轴与①轴的交点作为起点，向右绘制至 B 轴与②轴的交点作为终点，单击完成后将偏移量"修改为"2500"，单击上一参照平面与①轴的交点作为起点沿①轴向下移动至 B 轴与①轴的交点作为重点，单击完成即可，如图 5-23 所示，随即将内墙进行绘制，完成全部墙体绘制，如图 5-24 所示。

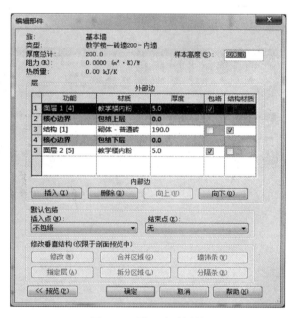

图 5-20　设置内墙属性

同时，将厕所处内墙与外墙相交处进行修剪，首先单击选择与③轴重合的外墙，选中后单击"拆分图元"命令，如图 5-25 所示，进入拆分命令后单击需要进行截断的墙体位置，如图 5-26 所示，单击完成后输入"TR"（修剪命令）进行修剪，具体操作和 CAD 一致（进入修改命令，单击所需的两条相交边即自动修剪多余外边线），修剪后如图 5-27 所示。

3. 显示内墙的三维效果

单击快速访问工具栏中的"默认三维视图"按钮，切换至默认三维视图，查看绘制效果，如图 5-28 所示。至此，教学楼一层墙体绘制完成。

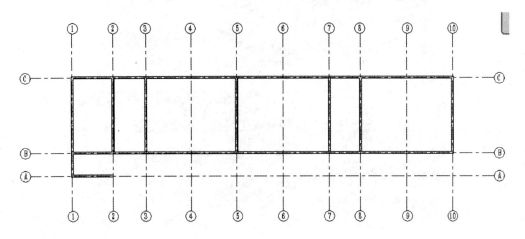

图 5-21　绘制内墙

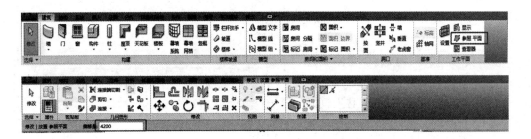

图 5-22　使用参照平面命令

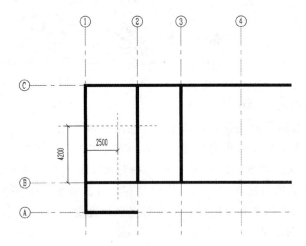

图 5-23　参照平面绘制完成

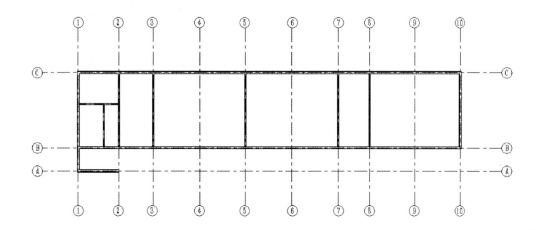

图 5-24 墙体绘制完成

图 5-25 单击拆分图元

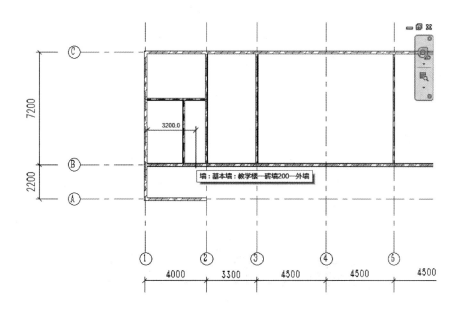

图 5-26 进行墙体拆分

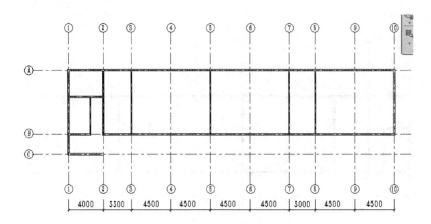

图 5-27 完成后墙体效果

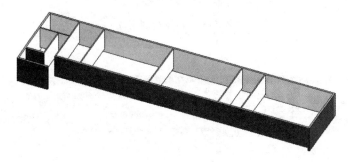

图 5-28 墙体绘制完成

习 题

5-1 不属于 Revit 中墙体的绘制方式是 ( )。

A. 直线　　　　　B. 椭圆　　　　　C. 圆形　　　　　　D. 拾取

5-2 下列选项中属于修改墙体方向的快捷键是 ( )。

A. Space　　　　　B. Shift　　　　　C. Enter　　　　　D. Ctrl

5-3 根据图 5-29 所示要求建立墙体类型："外墙_200_红砖"，结构厚 200，功能为外部；墙体材质选用软件自带砖石材质"砖，立砌砖层"；修改材质外观面板中贴面图像和浮雕图案的样例尺寸：宽度 = 2018，高度 = 2394；图像位置旋转角度 = 0，其余参数设为默认。

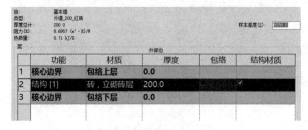

图 5-29 习题 5-3 图

第6章

门窗的创建与编辑

门窗是建筑设计中最常用的构件。Revit 提供了门窗工具，用于在项目中添加任意形式的门窗图元。门窗必须放置于墙、屋顶等主体图元上，这种依赖于主体图元而存在的构件称为"基于主体的构件"。

在 Revit 中，门窗构件与墙不同，门窗图元属于可载入族，在添加门窗前，必须在项目中载入所需的门窗族，才能在项目中使用。

项目门窗放置效果如图 6-1 所示。

图 6-1　项目门窗放置效果

6.1　添加门

实训目标：教学楼项目添加对应的门图元。

1. 载入合适的门族

单击"建筑"选项卡"构建"面板中的"门"工具，Revit 进入"修改 | 放置 门"选项卡。注意，在"属性"面板的类型选择器中，仅有默认"平开门"族。"平开门"族及其类型来自于新建项目时使用的项目样板。要放置子母门图元，必须先向项目中载入合适的门族。

切换至"插入"选项卡，单击"模式"面板中的"载入族"命令，弹出"载入族"对话框。选择"China/建筑/门/普通门/平开门/单扇/单嵌板木门 2. rfa"族文件，如图 6-2 所示，单击"打开"按钮，载入门族。

图 6-2　载入相应门族

2. 定义需要的门类型

选择"单嵌板木门 2"内任意尺寸,单击"编辑类型"按钮,在"类型"下拉菜单中选择"M1 1000×2700mm"单嵌板木门类型进行复制创建,修改相关参数("尺寸标注"类别中"粗略宽度"设置为"1000.0","粗略高度"设置为"2700.0")后,单击"确定"按钮退出类型属性对话框,如图 6-3 所示。

图 6-3　载入相应门族

3. 添加门图元

单击"建筑"选项卡"构建"面板中的"门"工具按钮执行插入门操作,"属性"面板的类型选择器中自动显示该族类型,将光标指向轴线 B 轴上的⑨~⑩轴之间的墙体位置(门位置距⑩轴外墙向左偏移 200mm),单击后为其添加门图元,如图 6-4 所示。利用临时尺寸调整门的准确位置。

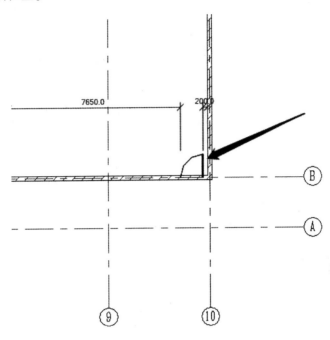

图 6-4 放置门

4. 设置门的底高度

退出"门"工具状态之后,选择该门的图元,确定"属性"面板中"底高度"为"0.0",其他参数设置为默认,如图 6-5 所示。

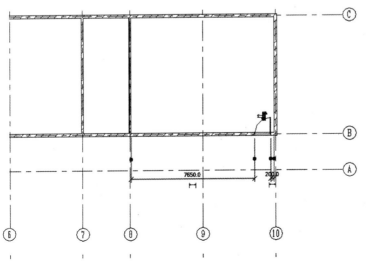

图 6-5 修改门属性

5. 其他门位置

其他门位置（放置门时可按〈空格〉键对其进行放置方向切换）如图6-6所示。

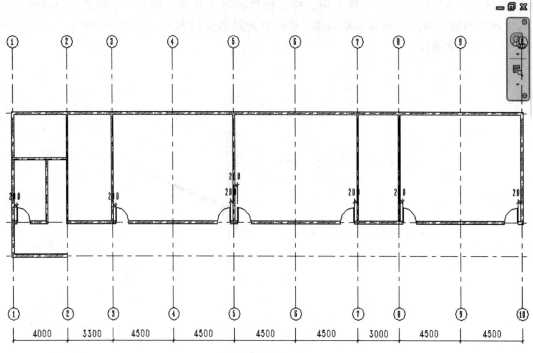

图6-6　其他门位置

6. 载入其他类型门族

切换至"建筑"选项卡，单击"构建"面板中的"门"按钮，在打开的"修改丨放置门"选项卡中单击"模式"面板中的"载入族"按钮，弹出"载入族"对话框。选择"China/建筑/门/普通门/平开门/双扇/双面嵌板木门1.rfa"族文件，单击"打开"按钮，载入门族，如图6-7所示。

图6-7　载入双扇嵌板木门

7. 定义需要的门类型

选择"双面嵌板木门1"内任意尺寸，单击"编辑类型"按钮，在"类型"下拉菜单中选择"FM3 1500×2400mm"双面嵌板木门类型进行复制创建，修改相关参数（"尺寸标注"类别中"粗略宽度"设置为"1500.0"，"粗略高度"设置为"2400.0"）后，单击"确定"按钮退出类型属性对话框。

8. 放置其他位置门

双面嵌板木门其他门位置如图6-8所示。

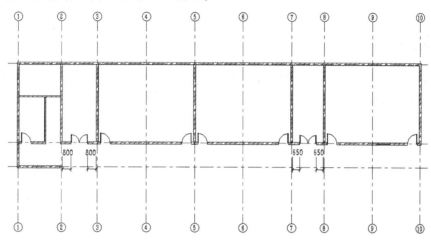

图6-8 双面嵌板木门位置

9. 显示门的三维效果图

完成后切换到三维视图，如图6-9所示。

10. 生成"F2"的墙体

切换视图到三维视图，按住〈Ctrl〉键选择所有墙体，如图6-10所示（勿把门也选取其中，如果误选门构件可按住〈Shift〉键单击相应门构件取消选取）。选中全部墙体后在"属性"工具栏中将"顶部约束"调整至"F3"，选中"F3"后墙体

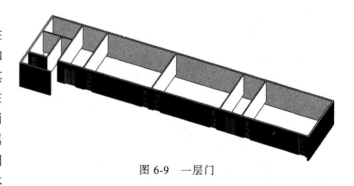

图6-9 一层门

生长至"F3"即自动完成"F2"墙体绘制，如图6-11所示。

11. 添加"F2"平面图的门图元

当一层平面视图添加门完后，选择所有的门（长按〈Ctrl〉键可以进行多选），单击"剪切板"面板中的 "复制到剪贴板"工具，将所选择图元复制至剪贴板，如图6-12所示。单击"粘贴板"面板中的"对齐粘贴"，弹出下拉菜单，在菜单中选择"与选定的标高对齐"选项，在"选择标高"对话框中单击"F2"并单击"确定"按钮即完成添加"F2"楼层的门构件，如图6-13所示。

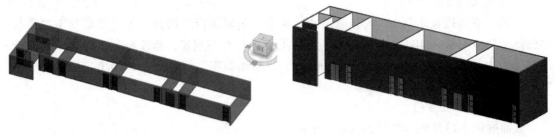

图 6-10　选中一楼墙体　　　　　图 6-11　"F2"墙体完成

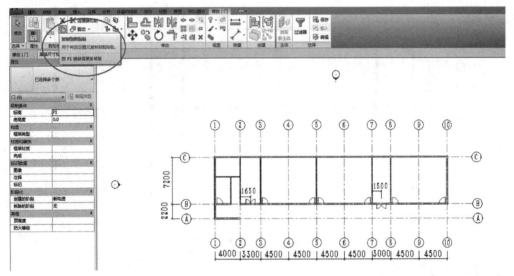

图 6-12　复制门

a)　　　　　　　　　　　　　b)

图 6-13　粘贴门

6.2 添加窗

插入窗的方法与上述插入门的方法完全相同。窗是基于主体的构件，可以添加到任何类型的墙内（对于天窗，可以添加到内建屋顶内），可以在平面视图、剖面视图、立面视图或三维视图中添加窗。与插入门稍有不同的是，在插入窗时需要考虑窗台高度。

> **实训目标：** 添加教学楼的窗，熟悉窗的有关操作。要在项目中添加窗，首先要选择窗类型，然后指定窗在主体图元上的位置，Revit 将自动剪切洞口并放置窗。

1. 载入窗族

确认当前视图为"F1"楼层平面视图。单击"插入"选项卡"模式"面板中的"窗载入族"工具，创建"C1"类型窗，按步骤载入"China/建筑/窗/普通窗/组合窗/组合窗-双层单列（四扇推拉）- 上部双扇 .rfa"族文件，单击"打开"按钮，载入窗族，如图 6-14所示。

图 6-14 载入窗

2. 定义需要的窗类型

选择"组合窗-双层单列（四扇推拉）-上部双扇"内任意尺寸，单击"编辑类型"按钮，在"类型"下拉菜单中选择"C1-3000×1800mm"复制创建新窗类型，修改相关参数（"尺寸标注"类别中"粗略宽度"设置为"3000.0"，"粗略高度"设置为"1800.0"）后，单击"确定"按钮退出类型属性对话框，如图 6-15 所示。

3. 继续载入其他窗族

确认当前视图为"F1"楼层平面视图。单击"建筑"选项卡"构建"面板中的"窗"工具，自动切换至"修改 | 放置 窗"选项卡。

"C2"载入"China/建筑/窗/普通窗/组合窗/组合窗-双层单列（固定+推拉）.rfa"族

文件，单击"打开"按钮，载入窗族，如图6-16所示。

"C3""C4"载入"China/建筑/窗/普通窗/平开窗/双扇平开-带贴面.rfa"族文件，单击"打开"按钮，载入窗族，如图6-17所示。

选择对应载入的窗族进行复制，创建"C2-1800×1800mm""C3-1800×1400mm""C4-1200×1500mm"新窗类型（图6-18），修改相关参数后，单击"确定"按钮。

图6-15　定义窗类型

图6-16　载入"C2"窗

图6-17　载入"C3""C4"窗

4. 添加"C2"窗图元

确认当前为"修改 | 放置 窗"状态,选择"C2"窗,同时在"属性栏"将"限制条件"类别中的"底高度"设置为"900.0",如图6-19所示。将"C2"窗放置于如图6-20所示位置,放置完成按〈Esc〉键即可退出命令。

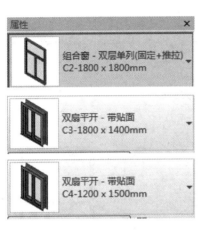

图6-18 定义窗类型 图6-19 定义窗底高度

图6-20 "C2"窗位置

5. 添加"C1"窗图元

确认当前为"修改 | 放置 窗"状态,选择"C1"窗,同时在"属性"栏将"限制条件"类别中的"底高度"设置为"900.0",将"C1"窗放置于如图6-21所示位置,放置完成按〈Esc〉键即可退出命令。

6. 添加"C4"窗图元

确认当前为"修改 | 放置 窗"状态,选择"C4"窗,同时在"属性"栏将"限制条件"类别中的"底高度"设置为"900.0",将"C4"窗放置于如图6-22所示位置,放置完成按〈Esc〉键即可退出命令。

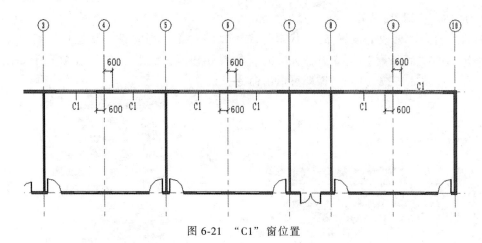

图 6-21　"C1"窗位置

7. 添加"F2"平面图的窗图元

当一层平面视图添加窗完后，选择所有的窗，单击"剪贴板"面板中的，"复制至剪贴板"工具，如图 6-23 所示。将所选择图元复制至剪贴板。单击"剪贴板"面板中的"对齐粘贴"，弹出对齐粘贴下拉菜单，在菜单中选择"与选定标高对齐"选项，添加"F2"楼层的窗，切换至三维观察效果，如图 6-24 所示。

8. 添加"C3"平面图的窗图元

因为"C3"窗户位于"F2"标高上故在"F2"楼层平面进行添加，单击进行为"修改｜放置 窗"状态，选择"C3"窗，同时在"属性"栏将"限制条件"类别中的"底高度"设置为"0.0"，将"C3"窗放置于如图 6-25 所示位置，放置完成按〈Esc〉键即可退出命令。

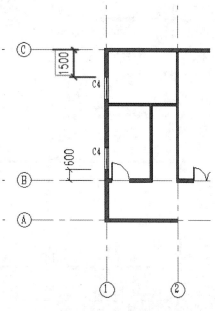

图 6-22　"C4"窗位置

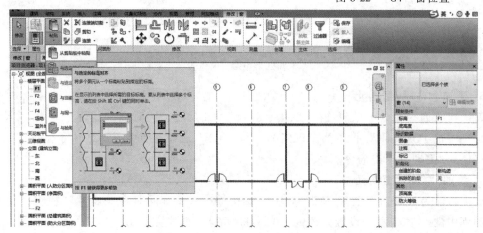

图 6-23　选择"F1"全部窗户

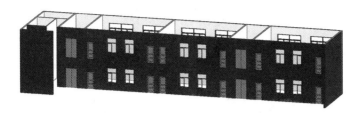

图 6-24 "F1"窗户复制到"F2"楼层

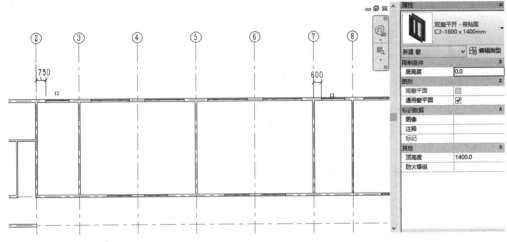

图 6-25 "C3"窗户创建

9. 创建"F3"楼层

首先进入楼层"F2",其次单击选择位于 B 轴的横向墙体,稍后我们要将墙体进行断开,在断开之前我们要绘制参照平面作为辅助线(因为断开两处墙体需绘制两条辅助线,分别命名为辅助线 I 和辅助线 II),如图 6-26 和图 6-27 所示。

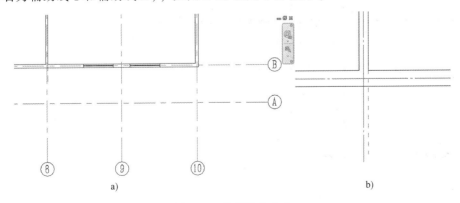

a)   b)

图 6-26 绘制辅助线 I

画完辅助线后选择位于 B 轴的横向墙体,单击选中之后选择"拆分图元"快捷工具进行墙体的拆分,选择拆分点如图 6-28 所示,拆分完之后可看到墙体分成左右两部分,如图 6-29 所示,即拆分完成。拆分完后对位于 C 轴的横向墙体也在辅助线位置进行墙体拆分,拆分后成果如图 6-30 所示。

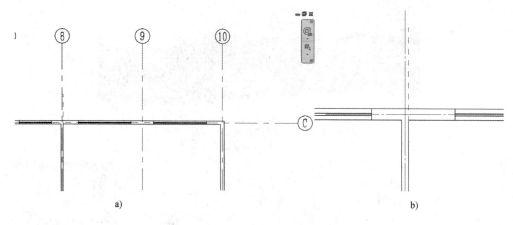

a)

b)

图 6-27　绘制辅助线Ⅱ

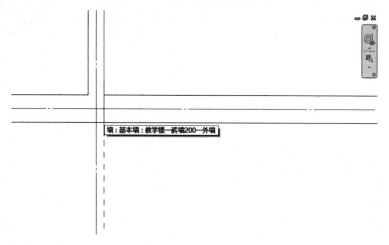

图 6-28　选择拆分点

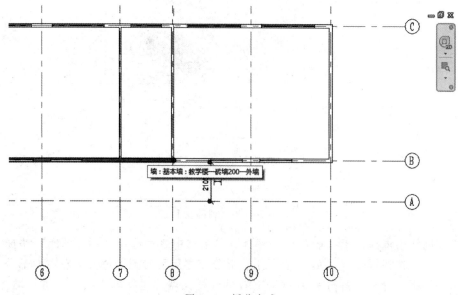

图 6-29　拆分完成

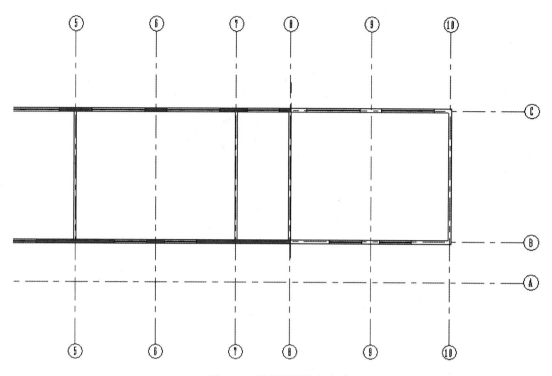

图 6-30　两处墙体拆分完成

拆分墙体完成后选择墙体进行编辑，如图 6-31 所示，全部选中后点击"属性"对话框中的"顶部约束"切换到"F4"，按〈Enter〉键完成。

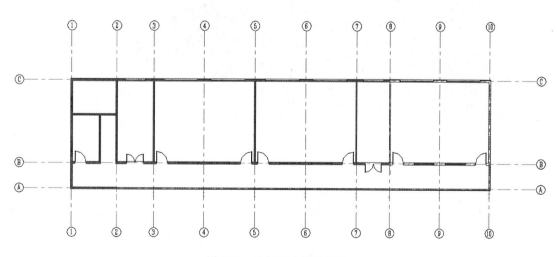

图 6-31　选择需编辑的墙体

因⑧轴处墙定义为内墙，而"F3"处⑧轴位置墙体为外墙，故不能将其和其他墙体直接调整标高而是需要重新进行外墙设置绘制，如图 6-32 所示，设置参数（类型：教学楼—砖墙 200—外墙、"底部限制条件"为"F3"，"顶部约束"为"F4"），完成后切换至三维界面，如图 6-33 所示。

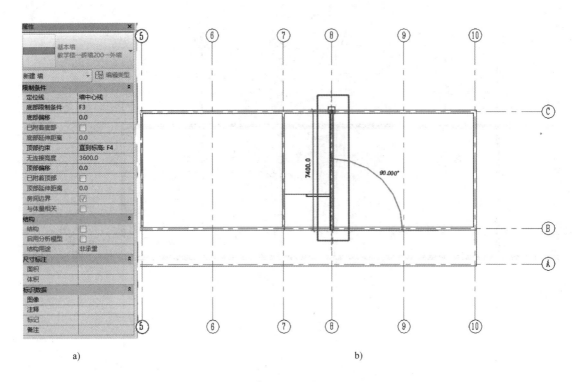

a)   b)

图 6-32 ⑧轴 "F3" 外墙绘制

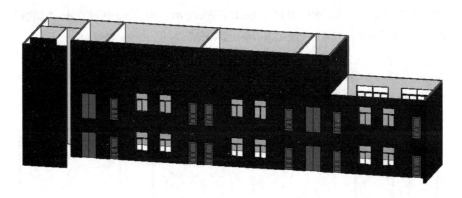

图 6-33 三维效果显示

10. 添加 "F3" 平面的门、窗构件

因 "F3" 门窗构件与 "F2" 门窗构件一致，故可直接对 "F2" 门窗构件进行复制并进行楼层粘贴，单击选择 "F2" 楼层平面进入 "F2" 平面视图并选择相应门、窗构件，可使用 "过滤器筛选" 功能进行选择先框选 "F2" 平面所有构件，并单击 "过滤器" 功能按钮，如图 6-34 所示，单击后会出现 "过滤器" 对话框，将除门、窗外所有的构件去除，如图 6-35 所示。单击 "确定" 按钮即将门窗构件全部选择成功，如图 6-36 所示。完成选择后，和之前复制操作一样对齐门窗，复制并粘贴到 "F3" 楼层即可（复制过程中会出现警告 "不能将插入对象……将不会复制这些图元"，此警告可忽略），操作完成后三维效果展示如图 6-37 所示。

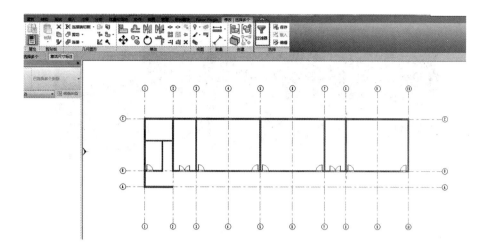

图 6-34 全部框选

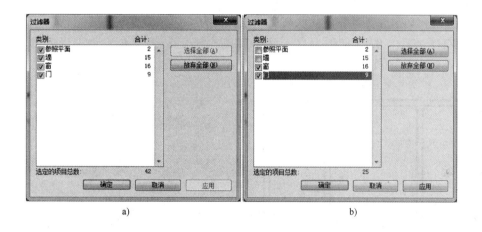

a)   b)

图 6-35 过滤器构件选择

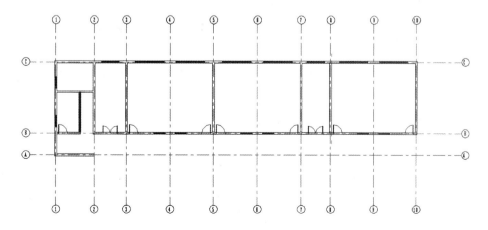

图 6-36 门、窗构件全部选择

图 6-37　三维效果展示

习　题

6-1　门窗放置时居中快捷键为（　　　）。

A. TR　　　　　　　B. SM　　　　　　C. DI　　　　　　D. VV

6-2　放置窗时属性工具栏内的底高度参数含义为（　　　）。

A. 窗高度　　　　B. 窗框高　　　　C. 窗扇高　　　　D. 窗台高

6-3　根据图 6-38 所示窗样式载入窗族新建窗类型 C3021。

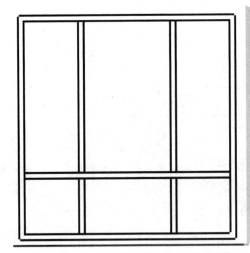

类型(T):	C3021		复制(D)...
			重命名(R)...

类型参数

参数	值
尺寸标注	
W2	600.0
W1	600.0
粗略宽度	3000.0
粗略高度	2100.0
高度	2100.0
框架宽度	50.0
框架厚度	80.0
下部窗扇高度	600.0
宽度	3000.0

图 6-38　习题 6-3 图

第7章

楼板、扶栏的创建与编辑

楼板、扶栏是建筑设计中最基础的构件。Revit 具有楼板和扶栏的编辑功能，用于在项目中按要求添加楼板及扶栏。楼板更是项目的重要组成部分，它能影响整个项目的受力结构。

在 Revit 中，门、窗构件与墙不同，门、窗图元属于可载入族，在添加门窗前，必须在项目中载入所需的门窗族，才能在项目中使用。

7.1 楼板的创建与编辑

> **实训目标：**掌握教学楼项目添加对应的楼板、扶栏图元，如图 7-1 所示。

图 7-1　教学楼楼板

1. 绘制 F1 层楼板

首先定义到 "F1" 平面，其次单击 "楼板" 编辑工具下拉菜单，选择 "楼板：建筑"，如图 7-2 所示。进入编辑界面将属性框的标高调至 "F1"，偏移量为 0，选择 "直线" 模式进行楼板轮廓的编辑，"F1" 楼板轮廓如图 7-3 所示。编辑完成后检查（线段必须闭合但是不能有交叉线段），单击勾选完成绘制，如图 7-4 所示。

2. 绘制 F2 层楼板

首先定义到 "F2" 平面，其次单击 "楼板" 编辑工具下拉菜单，选择 "楼板：建筑"，如图 7-2 所示。进入编辑界面，将属性框的标高调至 "F2"，偏移量为 0，选择 "直线" 模

图 7-2　楼板编辑快捷键

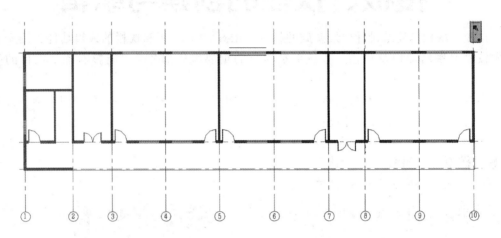

图 7-3　"F1"楼板轮廓

图 7-4　三维形式

式进行楼板轮廓的编辑，轮廓编辑和"F1"楼板轮廓一致。完成后需将楼梯间进行开洞口设置，即在编辑的大致轮廓中添加矩形洞口，如图 7-5 所示，编辑完成后检查（线段必须闭合但是不能有交叉线段）。单击勾选完成绘制。

3. 复制生成 F3 层楼板

复制楼板与复制门窗的操作方式一样，首先选择"F2"的楼板，其次进行复制，之后单击"粘贴"工具下拉菜单中的"与选定的标高对齐"命令（选择标高是按住〈Ctrl〉键可进行多选），如图 7-6 所示。选择"F3"楼层单击"确定"即可完成楼层复制，如图 7-7

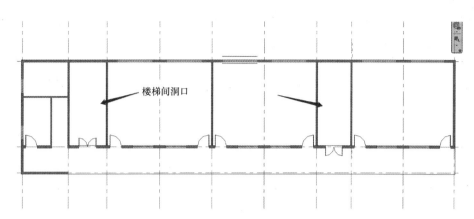

图 7-5 楼板完整轮廓

所示。

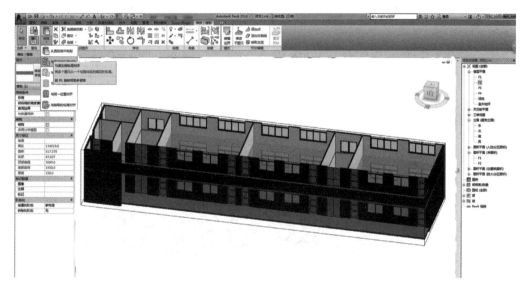

图 7-6 复制楼层操作

图 7-7 三维状态

4. 绘制 F4 层楼板

首先定义到"F4"平面，其次单击"楼板"编辑工具下拉菜单，选择"楼板：建筑"

如图 7-2 所示，进入编辑界面，将属性框的标高调至"F4"，偏移量为 0，选择"直线"模式进行楼板轮廓的编辑。"F4"楼板轮廓如图 7-8 所示。因为是不上人屋面，故没有楼梯洞口（线段必须闭合但是不能有交叉线段）。单击勾选完成绘制，如图 7-9 所示（单击确定时会弹出对话框："是否希望将高达此楼层的墙附着到此楼层的底部"，单击"是"按钮即可）。

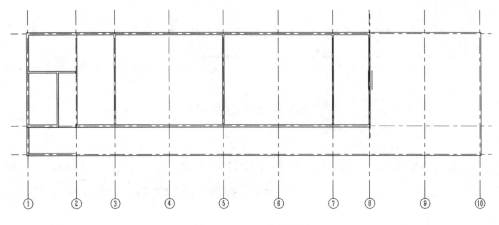

图 7-8　"F4"楼板轮廓

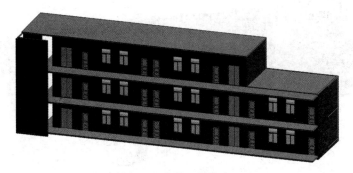

图 7-9　整体三维状态

7.2　扶栏的创建与编辑

1. 绘制 F2 层阳台扶栏

此处扶栏由砖块砌筑而成，高度为 1100mm，所以我们需新建墙体类型作为扶栏材质。新建墙体就需要单击"墙体"工具按钮进入墙的"类型属性"对话框。选择任意墙体进入"类型属性"，对其进行复制，新建墙体的名称为："扶栏-100mm"（图 7-10），并对新建墙体的材质进行修改，修改方式与墙体绘制的操作一样，墙体材质、厚度及排布如图 7-11 所示，编辑部件完成后单击："确定"按钮即新建完成。

扶栏新建完成后，进入"F2"平面界面进行编辑，单击"墙"工具按钮进入编辑界面，在"属性"对话框中将墙体选择为"扶栏-100mm"，"底部限制条件"调整为"F2"，"底部偏移"为"0.0"，"顶部约束"调整为"直到标高：F2"，"顶部偏移"为"1100.0"，如

图 7-12 所示。属性调整完之后，绘制扶栏墙体路径，如图 7-13 所示，绘制后单击完成即可。其三维展示效果如图 7-14 所示。

图 7-10　复制扶栏墙体

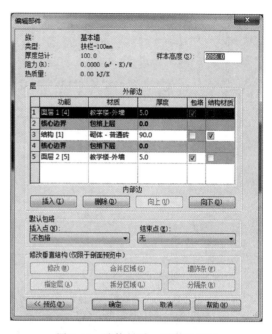

图 7-11　墙体材质、厚度及排布

2. 绘制 F3、F4 层阳台扶栏

沿用之前新建的"扶栏-100mm"进行绘制，进入"F3"平面界面进行编辑，单击"墙"工具按钮进入编辑界面，在"属性"对话框中将墙体选择为"扶栏-100mm"，"底部限制条件"调整为"F3"，"底部偏移"为"0.0"，"顶部约束"调整为"直到标高：F3"，"顶部偏移"为"1100.0"。属性调整完之后，绘制阳台墙体路径，如图 7-15 所示，绘制后单击完成即可。

接下来进入"F4"平面界面进行编辑（"F4"为不上人屋面，女儿墙高度 700mm），单击墙工具按钮进入编辑界面，在"属性"对话框中将墙体选择为"扶栏-100mm"，"底部限制条件"调整为"F4"，"底部偏移"为"0.0"，"顶部约束"调整为"F4"，"顶部偏移"为"700.00"。属性调整完之后，绘制阳台墙体路径如图 7-16 所示，绘制后单击完成即可。切换至三维视图查看阳台及楼板三维效果，如图 7-17 所示。

图 7-12　属性调整

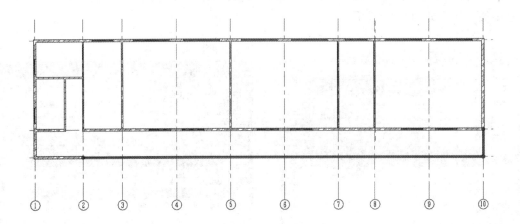

图 7-13　扶栏路径

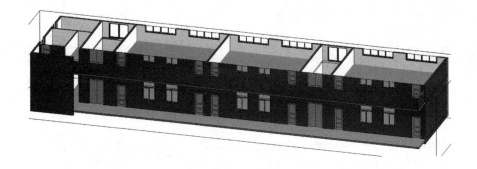

图 7-14　三维展示效果

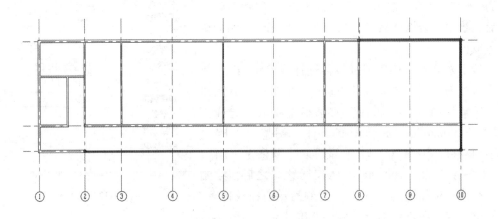

图 7-15　"F3"阳台路径

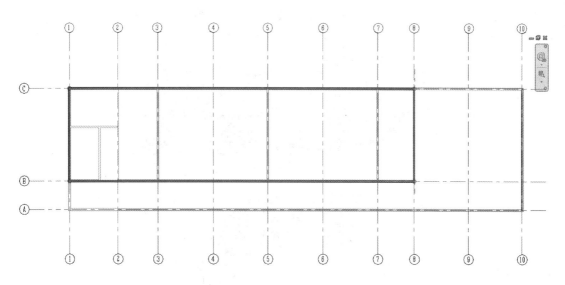

图 7-16 "F4" 阳台路径

图 7-17 阳台、楼板三维效果

习 题

7-1 楼板的绘制方式与墙体等其他命令的绘制方式的区别（ ）。

A. 楼板需先绘制轮廓 　　　　　　　　　　B. 楼板绘制不能拾取线

C. 楼板不用设置高度 　　　　　　　　　　D. 楼板不用设置材质

7-2 不属于楼板绘制轮廓影响楼板的关键点有（ ）。

A. 不能相交 　　　　B. 不能连接 　　　　C. 不能重合 　　　　D. 不能断开

7-3 根据图 7-18 所示要求建立楼板类型；楼板类型"室内_200_灰泥"，结构厚 200，功能内部；楼板材质选用材质"灰浆"；其余参数默认。并根据下列轮廓将楼板绘制完成。

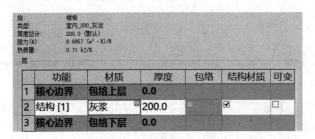

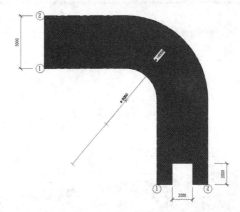

图 7-18　习题 7-3 图

第8章

楼梯的创建与编辑

8.1 ②~③轴楼梯间楼梯的绘制

首先进入"F1"平面编辑界面对楼板进行隐藏，如图8-1所示，之后绘制参照平面，进行楼梯轮廓及位置关系定义，参照平面绘制如图8-2所示（文字标注为指导，读者只需绘制参照平面即可）。

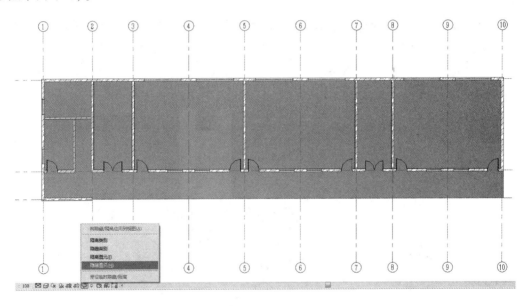

图 8-1　隐藏楼板

参照平面绘制完成后可开始进行楼梯编辑，楼梯参数如下："底部标高"为"F1""顶部标高"为"F3"，"所需踢面数"为"48"（24×2 = 48），"实际踏板深度"为"280.0"，"实际踢面高度"为"150.0"，"最小梯段宽度"为"1575.0"。单击"楼梯"编辑按钮进入楼梯绘制界面，并对"属性"进行参数设置，如图8-3所示。

参数设置完成后进行楼梯绘制，首先找到楼梯起点，进行向上移动，因为楼梯起点在右侧，故楼梯绘制起点也为右侧，如图8-4所示。进行轮廓路径编辑，选择第一部分的起点向上拖动鼠标，选取重点处线段单击完成即可完成第一部分楼梯（踢面数为12）。因为只需进行梯段绘制，休息平台可直接拾取梯段后自动生成，故完成第一部分后直接选择第二部分的起点及终点进行绘制，绘制完成后休息平台自动生成，如图8-5所示。

编辑完成后，鼠标放置于楼梯四周梯边梁上方，梯边梁为高亮显示，按〈Tab〉键（按〈Tab〉键为多种选择方式）选择整体为矩形的梯边梁，单击选择，如图8-6所示，选取后按〈Delete〉键进行梯边梁删除。

梯边梁删除后，单击休息平台，在休息平台上会有拉伸功能显示（图8-7），按住向上拉伸按钮对休息平台进行拖动，直至墙边，修改完成后如图8-8所示。

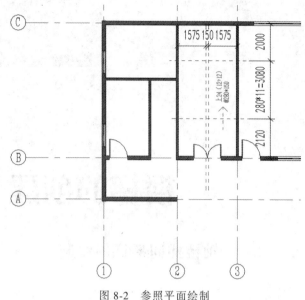

图8-2 参照平面绘制

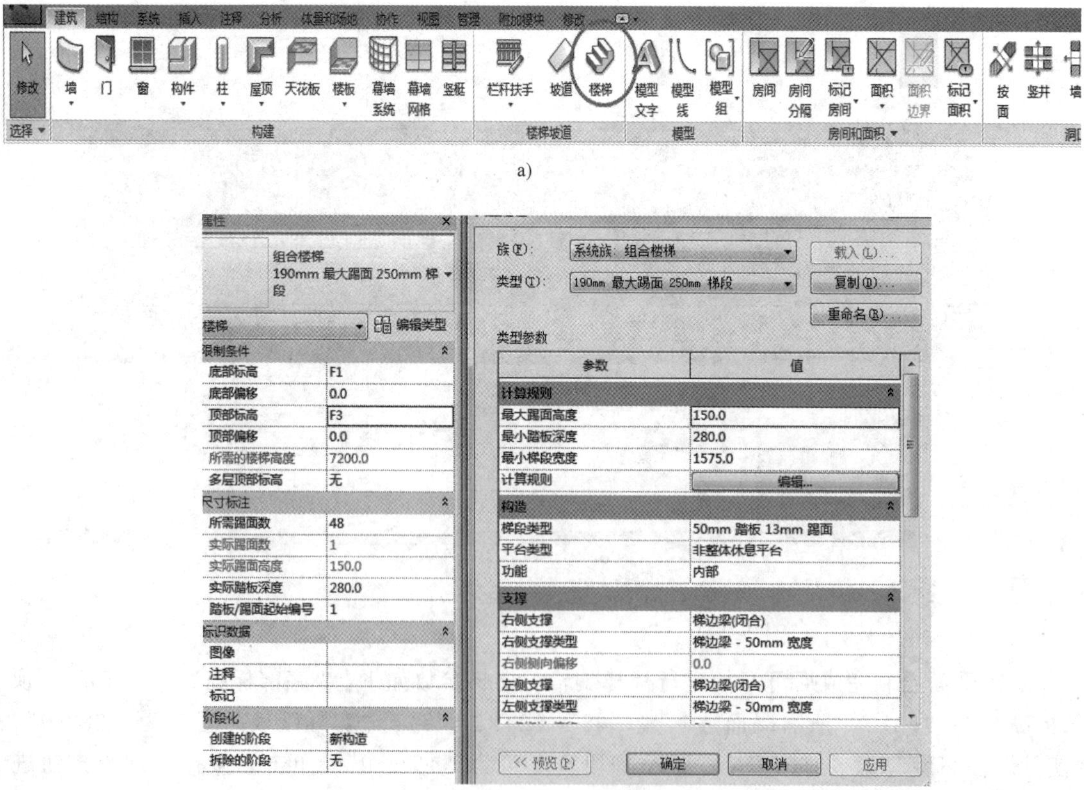

图8-3 楼梯参数设置

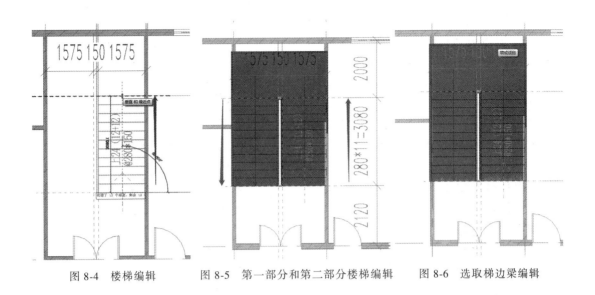

图 8-4　楼梯编辑　　　　图 8-5　第一部分和第二部分楼梯编辑　　　　图 8-6　选取梯边梁编辑

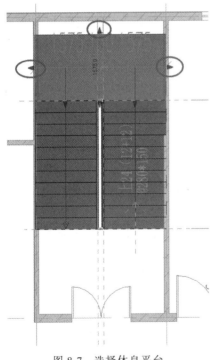

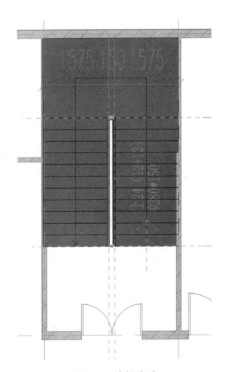

图 8-7　选择休息平台　　　　　　　　　　图 8-8　编辑完成

　　通过观察模型可看到楼梯位置并未完全位于楼梯间的中心设置，需要对楼梯位置进行移动，输入偏移命令"AL"进行偏移操作，先选取理想位置线（理想位置线为楼梯间中间位置的两条参照平面线）即选取中部左侧参照平面，后选取左侧楼梯（第二部分楼梯）的实际边线（因为中间存在梯边梁，故最外侧轮廓线并非实际楼梯边线），如图 8-9 所示。回到"偏移"命令，对第一、二部分楼梯进行移动，完成后如图 8-10 所示。

F1~F2 层的一二部分楼梯编辑完成后进行 F2~F3 层的第三和第四部分楼梯的编辑，编辑步骤与第一和第二部分的编辑步骤一样：绘制、删除梯边梁、拉伸休息平台、楼梯位置对应，编辑完成后如图 8-11 所示。

完成编辑后单击工具栏上方勾选完成，退出编辑界面，进入"F1"平面。鼠标放置于楼梯四周多余栏杆上方，栏杆为高亮显示，如图 8-12 所示，选取后按〈Delete〉键进行栏杆删除。

删除后单击楼梯"选择框"按钮，进入楼梯三维显示界面浏览楼梯效果，如图 8-13 所示，通过观察三维模型可看到"F3"位置缺少楼梯间楼板。

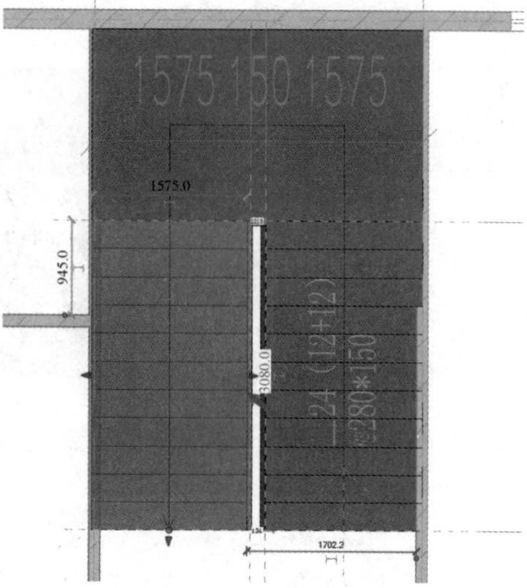

图 8-9　实际楼梯边线

进入"F3"平面选择楼板命令，编辑楼板轮廓，如图 8-14 所示。单击完成时会出现如图 8-15 所示的弹窗提示，单击"否"按钮即可。

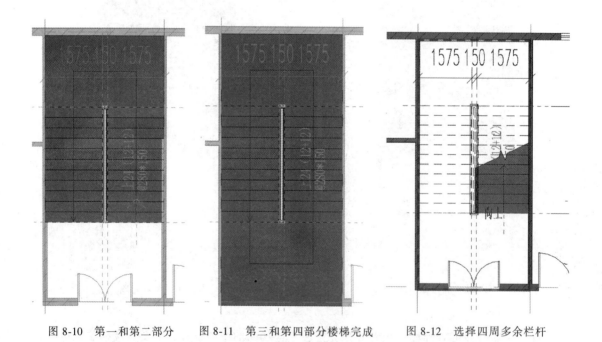

图 8-10　第一和第二部分　　图 8-11　第三和第四部分楼梯完成　　图 8-12　选择四周多余栏杆
　　　楼梯位置移动完成

楼板绘制完成后需添加栏杆，单击"栏杆扶手"工具按钮进行栏杆扶手的绘制（图 8-16），绘制路径如图 8-17 所示，尺寸位置无具体要求，图示为大致路径。绘制完成后三维效果显示如图 8-18 所示。至此②~③轴楼梯已绘制完成。

a)

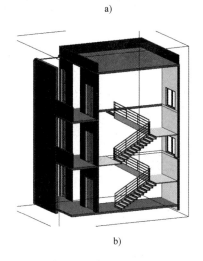

b)

图 8-13　楼梯三维显示

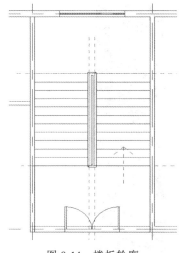

图 8-14　楼板轮廓

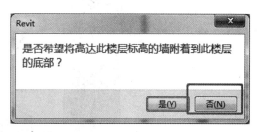

图 8-15　弹窗显示

图 8-16　单击"栏杆扶手"工具按钮

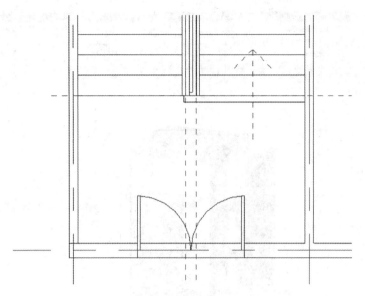

图 8-17　栏杆路径

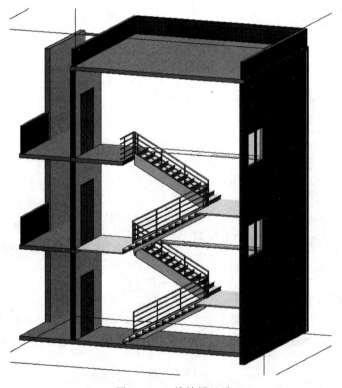

图 8-18　三维效果显示

8.2　绘制⑦~⑧轴楼梯间楼梯

首先进入"F1"平面编辑界面对楼板进行隐藏,之后绘制参照平面进行楼梯轮廓及位置关系定义，参照平面绘制如图 8-19 所示（文字标注为指导，读者只需绘制参照平面即可）。

⑦~⑧轴楼梯绘制与②~③轴的绘制步骤一样，确定位置线后学员自行进行楼梯绘制练习，并熟练掌握楼梯绘制方法。

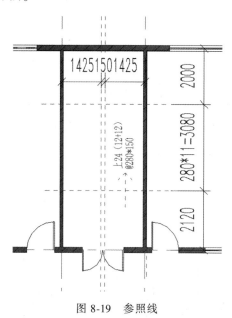

图 8-19　参照线

图 8-20　整体楼梯的三维效果

整体楼梯绘制的三维效果如图 8-20 所示。

习　题

8-1　下列不属于楼梯类型的有（　　　）。

A. 组合楼梯　　　　　　B. 预制楼梯　　　　　C. 现场浇筑楼梯　　　　　D. 组装楼梯

8-2　楼梯中踢面高度参数是由下面哪种方式计算而来？（　　）

A. 楼层高度/踢面数　　　　　　　　　B. 梯段宽度/踢面数

C. 楼层高度/踏板深度   D. 梯段宽度/踏板深度

8-3　根据图 8-21 所示要求建立楼梯类型，并根据下列轮廓将楼梯绘制完成。

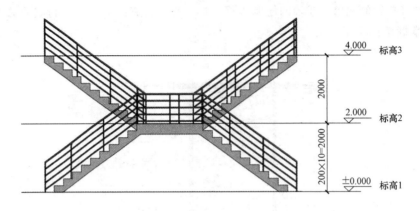

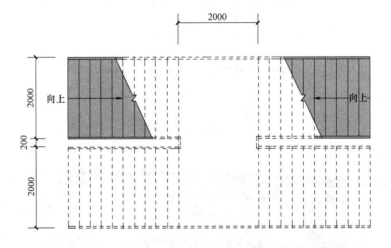

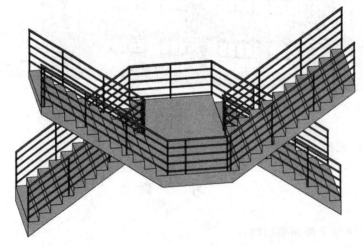

图 8-21　习题 8-3 图

第9章

内 建 模 型

9.1 水箱绘制

> **实训目标**：通过放置结构柱、墙体、楼板熟悉构件约束条件，掌握创建内建模型的方法。

依据项目实际图样得知，屋顶水箱绘制的难点在于铁爬梯的绘制，与以往建筑构件的绘制会有所区别，在本项目中铁爬梯的绘制使用内建模型。

1. 新建 L 型结构柱

1）进入"F4"楼层平面，单击"结构"选项卡，单击"柱"工具。

2）在"属性"面板"类型选择器"中选择"混凝土柱-L 形 1"作为当前柱类型（图9-1），打开"编辑类型"对话框，复制名称为"L 柱-350×350"矩形柱类型，如图 9-2 所示，依次将矩形柱"尺寸标注"类别中的"h"调为："350.0"，"b"调为："350.0"，单击"确定"按钮，退出"编辑类型"对话框。

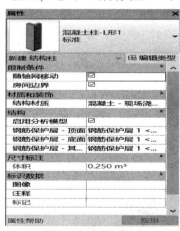

图 9-1 L 形柱类型

图 9-2 创建"L 柱-350×350"矩形柱类型

3）在"修改丨放置 结构柱"选项卡，将结构柱约束条件"深度"切换成"高度"：设置"未连接"为："1000.0"，如图 9-3 所示。

图 9-3　修改 | 放置 结构柱："深度"调成"高度"

4）依次将"L柱-350×350"放置在"F4"屋顶楼层平面。

2. 新建水箱墙体

1）单击"建筑"选项卡，单击"墙"工具，在"属性"栏中修改墙体的限制条件，例如：定位线"面层面：外部"，"底部偏移"为"1000.0"，"顶部约束"调整为："未连接"，"顶部偏移"为"1710.0"，如图9-4所示。

2）切换至"绘制面板"工具，选择"矩形"，在"F4"楼层平面中，对齐"L柱-350×350柱"外边缘沿着对角线的方向绘制水箱墙体，墙体绘制完成后三维视图如图9-5所示。

3. 新建水箱底板和顶板

1）单击"建筑"选项卡，单击"楼板"工具，在"属性"栏中修改楼板的限制条件，例如"底部偏移"为"1150.0"。

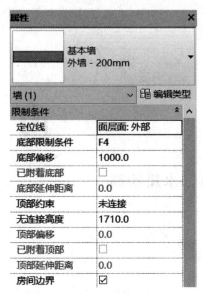

图 9-4　墙体限制条件

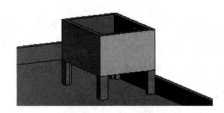

图 9-5　水箱墙体

2）切换至"绘制面板"工具，选择"矩形"，在"F4"楼层平面中，沿着水箱墙体内边缘，选择"对角线"的方式绘制水箱底板。

依照上述1）和2）步骤，将"底部偏移"设置为"2710.0"，绘制水箱的顶板，绘制完成后在剖面框显示，如图9-6所示。

3）选中水箱的顶板，在"功能区"选中编辑边界，在绘制面板中选择"矩形"绘制工具，在顶板绘制"800×800"矩形边界，这样完成水箱顶板进人孔的绘制，绘制完成后如图9-7所示。

图 9-6　水箱底板和顶板

图 9-7　水箱顶部进人孔

4．新建水箱铁爬梯

1）单击"建筑"选项卡，单击"构件"工具栏，选择"内建模型"命令，在"族类别和族参数"对话框中选择"机械设备"，进入族编辑器模式（图9-8），在弹出的名称对话框中输入"铁爬梯"。

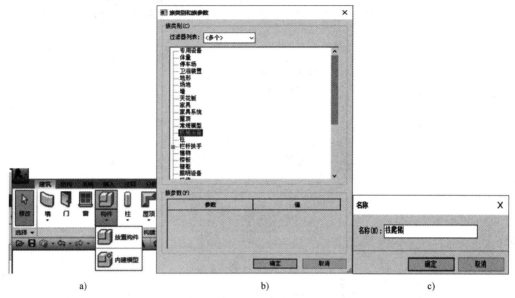

a) b) c)

图9-8 内建模型-铁爬梯

2）单击"创建"面板→"放样"工具，如图9-9所示。

3）单击"绘制路径"命令，如图9-10所示，单击 ✔ 完成路径绘制。

4）单击"编辑轮廓"命令，弹出"转到视图"对话框，选择"立面：南"，单击"打开视图"按钮，如图9-11所示。

图9-9 内建模型放样

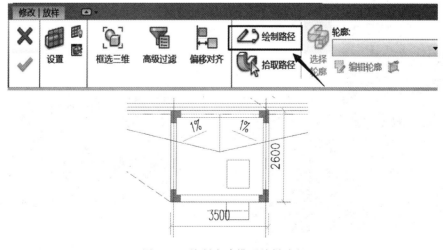

图9-10 绘制内建模型放样路径

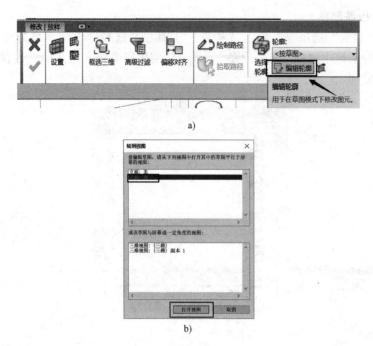

a)

b)

图 9-11　编辑轮廓对话框

5）进入南立面后，选择"绘制"面板中的"圆形"工具，在路径中心线的上方，水箱墙体立面绘制半径为 80mm 的圆形轮廓，绘制完成后单击"✔"完成轮廓按钮，如图 9-12 所示。

6）再次单击"✔"完成模型按钮，完成放样绘制，通过放样创建的单个铁爬梯族如图 9-13 所示。

7）选中绘制好的铁爬梯模型，在"属性"栏中，选择"材质"，打开"材质浏览器"，选择"铁，铸铁"，单击"确定"按钮，定义爬梯的材质为"铁，铸铁"，如图 9-14 所示。

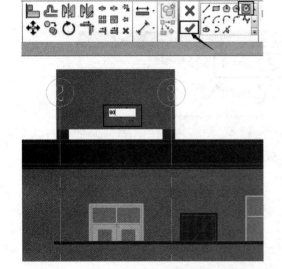

图 9-12　编辑轮廓

图 9-13　单个铁爬梯族

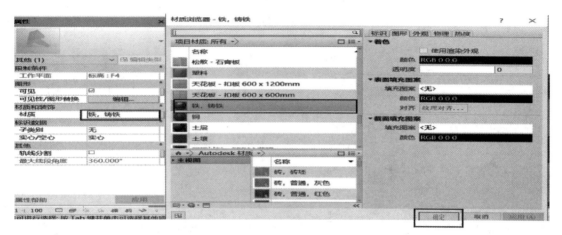

图 9-14　定义爬梯材质

8）继续选中绘制好的铁爬梯模型，在"修改"工具中选择"复制"，在约束条件里将"约束"和"多个"勾选，在南立面复制 5 个爬梯族，如图 9-15 所示。复制完成后，单击"✔"完成模型按钮，完成铁爬梯内建模型创建，完成后的模型如图 9-16 所示。

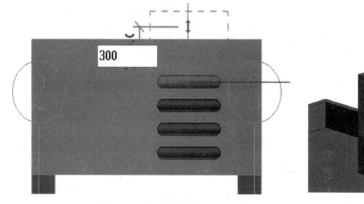

图 9-15　复制铁爬梯

图 9-16　完成后的铁爬梯模型

9.2　绘制装饰线条

> **实训目标：**通过绘制内建模型的方法，进一步巩固放样和编辑轮廓创建构件的原理。

这里以二层建筑装饰线条为例，由教学楼项目图样得知，二层的装饰沿着外墙 3.6m 标高处绘制路径，装饰线条的轮廓二层栏杆平齐，这样我们理顺了装饰线条的绘制逻辑和顺序。

1）双击"F2"进入"F2"楼层平面，单击"建筑"选项卡，单击"构件"工具栏，选择"内建模型"命令，在"族类别和族参数"对话框中选择"墙体"，进入族编辑器模式。如图 9-17 所示，在弹出的"名称"对话框中输入"装饰线条"。

2）单击"创建"选项卡→"放样"工具，如图 9-18 所示。

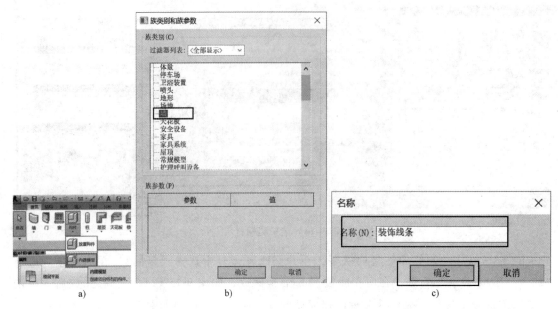

a)　　　　　　　　　b)　　　　　　　　　c)

图 9-17　内建模型——装饰线条

3）单击"绘制路径"，单击
"绘制"面板中"拾取线"命令，
依次拾取外墙边线，如图 9-19 所
示，单击"✔"按钮完成路径
绘制。

图 9-18　内建模型"放样"工具

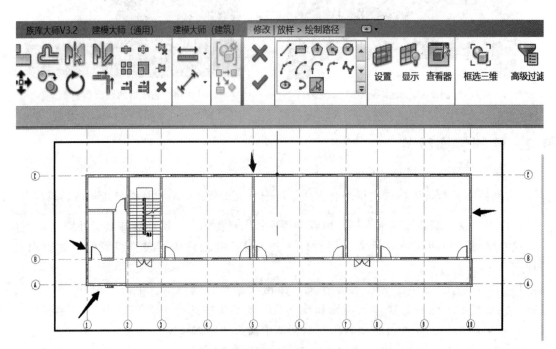

图 9-19　"拾取线"绘制路径

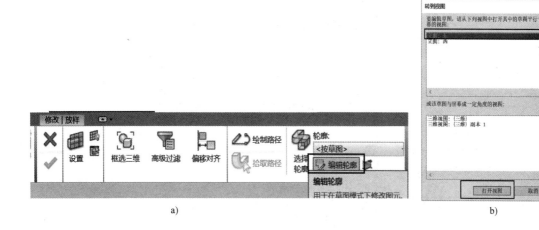

a)   b)

图 9-20　编辑轮廓对话框

4）单击"编辑轮廓"命令，弹出"转到视图"对话框，选择"立面：东"，单击"打开视图"按钮，如图 9-20 所示。

5）进入东立面后，选择"绘制"面板中的"直线"工具，绘制矩形轮廓，如图 9-21 所示，绘制完成后单击"✔"完成轮廓按钮。

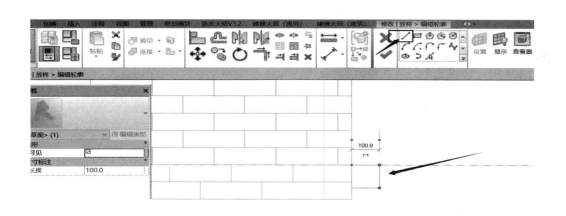

图 9-21　创建装饰线条轮廓

6）再次单击"✔"按钮，完成内建模型放样，切换到"属性"对话框（也可单击选中放样的模型）选择"材质"，单击"按类别"，打开"材质浏览器"，选择"水泥砂浆"，单击"确定"按钮，将装饰线条的材质选为"水泥砂浆"，如图 9-22 所示。

7）最后，再次单击"✔"完成模型按钮，完成装饰线条的创建，在东立面和切换在三维中如图 9-23 所示。

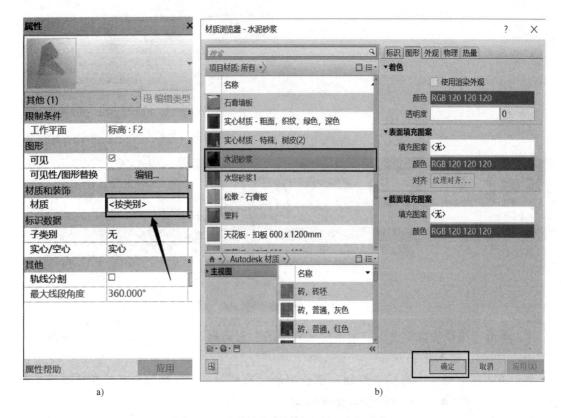

a)　　　　　　　　　　　　　　　b)

图 9-22　将装饰线条材质选为"水泥砂浆"

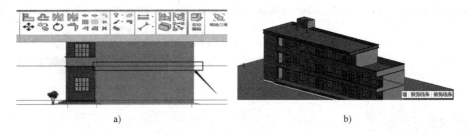

a)　　　　　　　　　　　　　　　b)

图 9-23　教学楼项目"装饰线条"

9.3　室外散水绘制

实训目标：理解楼板属性"可变"定义，运用楼板的命令掌握创建室外散水的方法。

楼板可变性功能：利用楼板"可变性"属性创建带坡度的楼板、斜坡和散水。

依据教学楼项目实际需求，基于楼板创建"散水-120mm"类型。

1）双击"F1"进入"F1"楼层平面，单击"建筑"选项卡，选择"楼板"工具，在"属性"面板下拉选项中选择"楼板 常规-150mm"作为当前楼板的类型，单击"编辑类型"按钮，在"类型属性"对话框中复制名称为"散水-120mm"楼板类型，如图9-24所示。

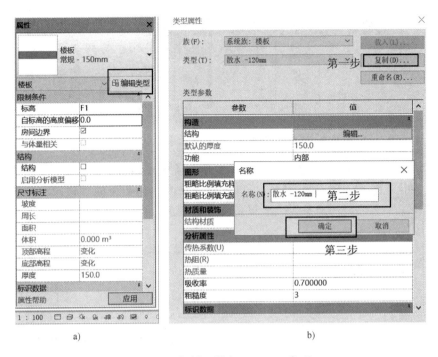

图 9-24　复制"散水-120mm"类型

2）在"散水-120mm"类型属性中，打开"编辑部件"对话框，打开"材质浏览器-水泥砂浆"，选择楼面材质为"水泥砂浆"，选择材质后单击"确定"按钮。厚度设置为："120.0"，勾选"可变"，完成后单击"确定"按钮，返回"类型属性"对话框，如图 9-25 所示，在"类型属性"对话框中，单击"确定"按钮，返回到草图编辑模式。

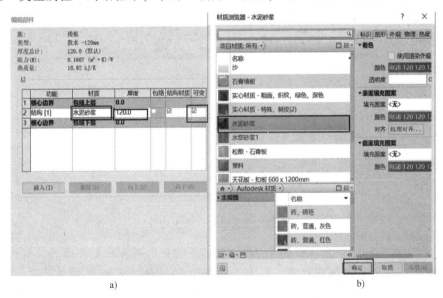

图 9-25　"散水-120mm"编辑部件

3）在"绘制"面板中选择"边界线"，再选择"拾取线"工具，如图 9-26 所示。

4）确认"属性"面板中"标高"为"F1"楼层平面，"自标高的高度偏移"为

图 9-26　拾取线工具

"-330.0"。单击所要绘制教学楼外墙边线和室外台阶的外边线，所拾取的线要形成一个闭合的边界，在拾取线不能形成闭合时，可以选择"修改"面板中的"修改丨延伸为角"工具，再分别单击所要保留的两条线。绘制完成的"散水边界"如图 9-27 所示。

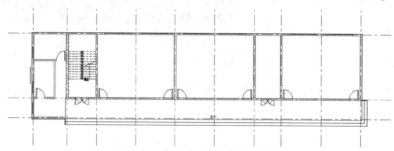

图 9-27　绘制完成的"散水边界"

5）继续单击拾取线，在"绘图区"左上方将"偏移量"设置为"600.0"。依次单击生成的边界线，可参考 4）中操作步骤。完成后的"散水边界"如图 9-28 所示，单击完成边界"✔"按钮。

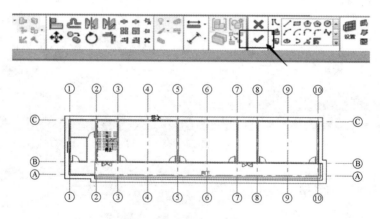

图 9-28　完成后的"散水边界"

6）选择完成后的"散水-120mm"，在"修改丨楼板"选项卡里，单击"修改子图元"，为每个散水楼板转角处添加偏移值，单击①轴与 C 轴转角处边线外一点，将"0"修改为"-120"，单击空白区域修改完成。修改子图元如图 9-29 所示。

7）继续修改子图元偏移值，将所有散水楼板外边线的子图元值修改为："-120"，单击空白区域完成散水创建，如图 9-30 所示。

8）进入三维视图，完成后的建筑模型如图 9-31 所示。

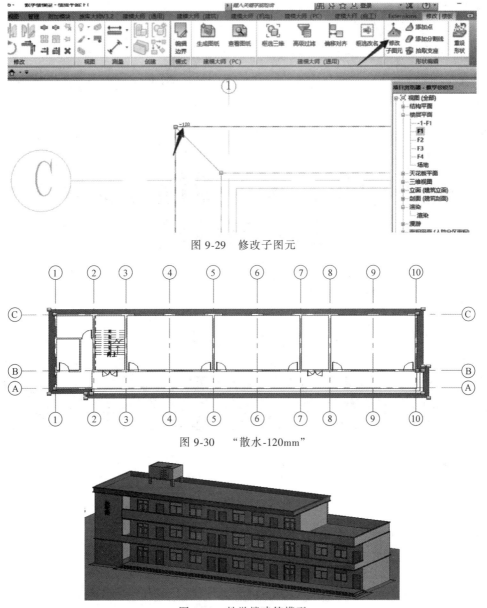

图 9-29 修改子图元

图 9-30 "散水-120mm"

图 9-31 教学楼建筑模型

习　　题

9-1　在内建族样板中创建形状的命令有（　　　）个。

A. 10 个　　　　　　　　B. 6 个　　　　　　　　C. 5 个　　　　　　　　D. 2 个

9-2　如何创建实体坡道（　　　）。

A. 修改坡道边界　　　　　　　　　　　B. 修改坡道子图元

C. 将其类型参数"造型"改为"实体"　　D. 将其类型参数"造型"改为"构造板"

9-3　请参照项目立面图，使用"内建模型"绘制"教学楼"F3 楼层装饰线条。

第10章

室外台阶、场地平面及文字的绘制与编辑

10.1 室外台阶的绘制

首先进入"F1"平面界面，单击 按钮，取消楼板隐藏命令，并绘制参照平面作为辅助线用于位置定位，参照平面绘制如图 10-1 所示（下 3 级台阶，宽 300mm、高 150mm）。

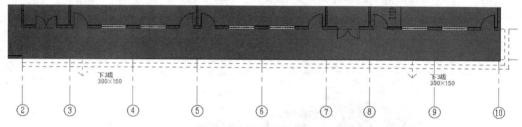

图 10-1　参照平面

定位完成后运用"楼板"命令绘制室外台阶。首先单击"楼板"命令新建两种楼板，第一种楼板对应"属性"为"室外台阶-150mm"，"厚度"为"150.0"，"标高"为"F1"，"自标高的高度偏移"为"-300.0"，第二种楼板的"属性"为"室外台阶-300mm"，"厚度"为"300.0"，"标高"为"F1"，"自标高的高度偏移"为"-150.0"，如图 10-2 所示。

楼板设置完成后首先选择"室外台阶-300"楼板进行绘制，绘制轮廓如图 10-3 所示，确定完成后选

楼板 室外台阶 - 150mm	
楼板	编辑类型
限制条件	
标高	F1
自标高的高度偏移	-300.0
房间边界	☑
与体量相关	☐
结构	
结构	☑
启用分析模型	☐
尺寸标注	
坡度	
周长	
面积	
体积	0.000
顶部高程	变化
底部高程	变化
厚度	150.0

a)

楼板 室外台阶 - 300mm	
楼板	编辑类型
限制条件	
标高	F1
自标高的高度偏移	-150.0
房间边界	☑
与体量相关	☐
结构	
结构	☑
启用分析模型	☐
尺寸标注	
坡度	
周长	
面积	
体积	0.000
顶部高程	变化
底部高程	变化
厚度	300.0

b)

图 10-2　楼板参数设置

择"室外台阶-150"楼板进行绘制，绘制轮廓如图10-4所示。

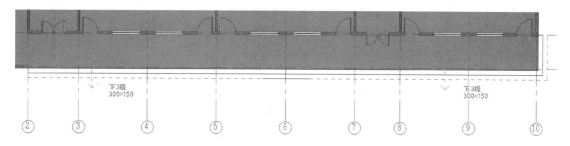

图10-3 "室外台阶-300"楼板轮廓

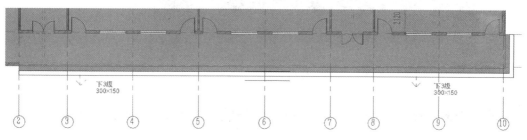

图10-4 "室外台阶-150"楼板轮廓

室外台阶绘制完成后三维显示如图10-5所示。

图10-5 室外台阶三维显示

10.2 场地平面的绘制

首先进入三维模型显示界面，单击模型右上角的正方体快捷按钮，单击切换到上部显示模式，如图10-6所示，随后单击"体量和场地"选项卡内的"地形表面"工具，如图10-7所示。进入编辑界面，将"高程"设置为"－450.0"，选择"放置点"在建筑物四周放置地形表面的位置点，如图10-8所示。

进入"属性"对话框，"材质"选项为"按类别"（说明无材质，需要新建材质），单击"按类别"对话框，在旁边会显示"…"按钮，单击此按钮，进入"材质浏览器"新建材质，如图 10-9 所示。

新建材质"草地"，选择相应材质如图 10-10 所示。材质新建之后场地三维效果如图
10-11 所示，单击"构件"工具选择相应的树木进行点缀，如图 10-12 所示。

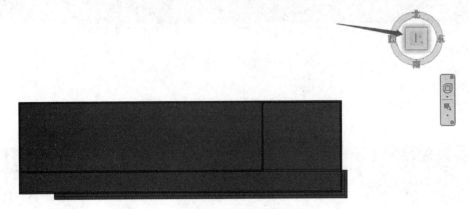

图 10-6　模型上部显示

图 10-7　体量和场地选项卡

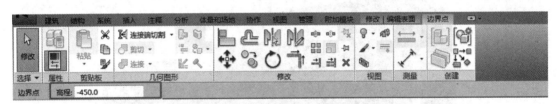

a)

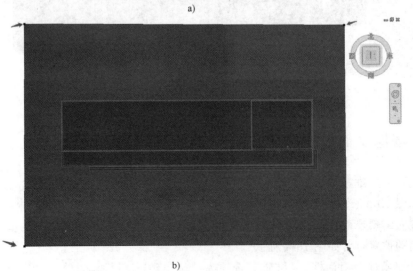

b)

图 10-8　放置地形地位点

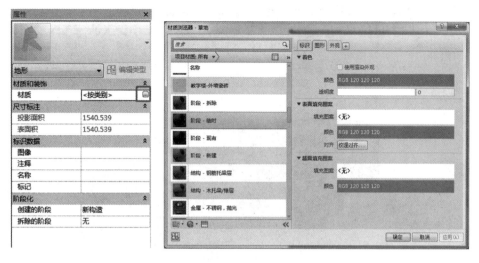

图 10-9　材质浏览器

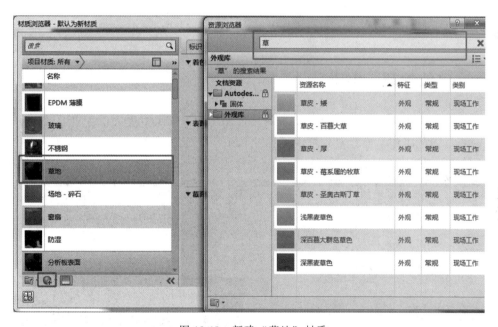

图 10-10　新建"草地"材质

图 10-11　场地三维效果

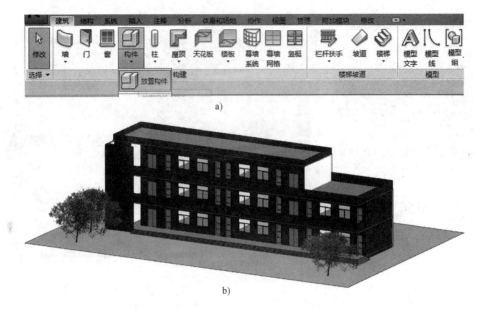

a)

b)

图 10-12　三维布置效果

10.3　文字的绘制与编辑

首先选择建筑选项卡内的"设置"工具，如图 10-13 所示，进入设置"工作平面"界面，在"指定新的工作平面"复选框中选择"拾取一个工作平面"，如图 10-14 所示，单击"确定"按钮。选择如图 10-15 所示外墙，单击完成工作平面设置。

图 10-13　设置工作平面

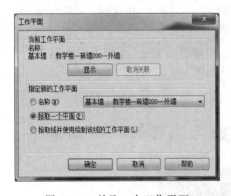

图 10-14　拾取一个工作平面

图 10-15　拾取外墙设置工作平面

设置完工作平面后，单击"建筑"选项卡内的"模型文字"工具，如图 9-16 所示（将三维文字添加到建筑模型中）进入"编辑文字"界面，编辑文字名为"第一教学楼"，因为想要文字竖排表现，所以需要将编辑的文字竖向排列，如图 9-17 所示。

图 10-16　模型文字

图 10-17　编辑文字

文字编辑完成后单击"确定"按钮，三维界面会显示出三维文字，文字随鼠标移动，且可自动拾取平面。将鼠标移动到刚设置成工作平面的外墙，如图 10-18 所示，调整文字位置，单击确认即放置完成，如图 10-19 所示。

图 10-18　选取外墙放置文字

图 10-19　放置完成效果

若文字放置完成后效果不是很明显,可以选择此"第一教学楼"三维文字并对其"属性"进行编辑,如文字大小、文字字体、水平对齐以及材质(修改文字颜色对其定义新材质即可)等,如图10-20所示。

完成绘制后整体效果如图10-21所示。

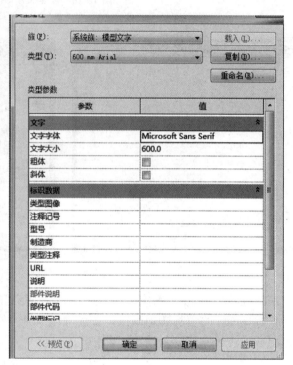

图10-20　字体设置

图10-21　整体效果

习　题

10-1　室外台阶的绘制方式中不能使用的命令是(　　　)。

A. 楼梯　　　　　　B. 楼板　　　　　　C. 楼板边　　　　　　D. 屋顶

10-2　场地平面布置过程中道路用什么方式进行绘制?(　　　)

A. 子面域   B. 建筑地坪   C. 地形表面   D. 建筑红线

10-3   根据图 10-22 所示要求进行场地绘制并布置，参数依照图中所示道路拐角部分半径参数分别为 2000、4000。

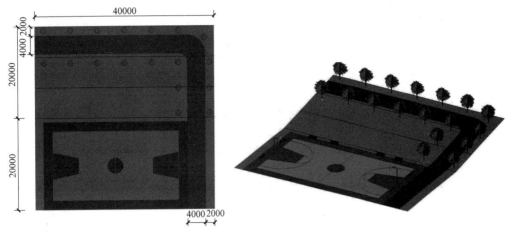

图 10-22   习题 10-3 图

第 11 章

结构模型创建

11.1 结构基础

11.1.1 创建结构项目

> **实训目标**：掌握结构样板的创建方法和结构模型创建的流程，了解结构样板和建筑样板的区别和联系。

创建项目的流程的第一步，就是选择正确的样板类型，如建筑模型创建选择建筑样板，结构模型创建选择结构样板。建筑样板和结构样板的区别主要有以下三个方面：

视图显示：建筑模型在结构样板里创建的部分构件可能不显示，结构模型在建筑样板中创建的也会不显示，但可以调整视图的规程和图元可见性，从而使模型全部显示。

族类别：建筑样板中没有结构需要的构件，如结构柱、结构基础、剪力墙等；结构样板没有建筑所需的墙体、门窗等。

建筑样板和结构样板可以通过调整视图和图元可见性以及载入相应的族类别，使两个样板趋于一致。

1. 新建结构项目文件

启动 Revit，默认将打开"最近使用的文件"页面。单击左上角的"应用程序菜单"按钮，在菜单中选择"新建"→"项目"命令，弹出"新建项目"对话框，如图 11-1 所示。选择样板文件作为结构模板，新建结构项目。

图 11-1　新建结构项目

2. 新建项目标高轴网

标高轴网的创建方法请参照第 4 章的详细介绍，这里不再详细描述。结构标高如图 11-2 所示，项目轴网如图 11-3 所示。

> ☀**注意**：这里结构标高比建筑标高少 50mm；依据教学楼实际图样，绘制了基础标高（-1200mm）。

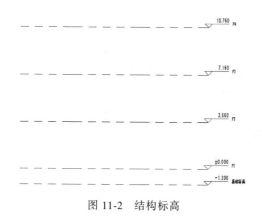

图 11-2 结构标高

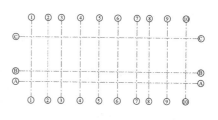

图 11-3 项目轴网

11.1.2 创建和编辑独立基础

> **实训目标**：复习链接 CAD 图链接和对齐的方法，掌握编辑和创建独立基础的方法，并正确载入项目。

结构基础分为条形基础、筏形基础和独立基础，下面以教学楼项目为例介绍独立基础的编辑和创建方法。

1. 链接基础平面布置图

1）单击"插入"选项卡，单击"链接 CAD"，找到教学楼图样所在的文件目录，选择"基础平面布置图"文件，勾选"仅当前视图"选项，"颜色"选择"保留"，"图层/标高"选择"全部"，"导入单位"选择"毫米"，勾选"纠正稍微偏离轴的线"，"定位"选择"自动-中心到中心"，如图 11-4 所示。这样我们将所需要的 CAD 基础底图链接到项目中，如图 11-5 所示。

2）单击"插入"选项卡，单击"修改"面板下 "对齐"功能，单击项目①轴，再单击图样①轴，这样我们将图样的竖向轴线与项目的竖向轴线对

图 11-4 链接基础平面布置图

齐，同理，单击项目 C 轴，再单击图样 C 轴，将图样的横向轴线与项目的横向轴线对齐，通过对齐操作，图样与项目完成了对齐操作。按〈ESC〉键，退出"对齐"命令。选中图样，单击弹出来的修改面板 "工具锁定"，锁定链接的 CAD 图样。锁定基础平面布置图如图 11-6 所示。

2. 新建独立承台类型

依照教学楼项目结构图样，打开基础平面布置图，如图 11-7 所示，熟悉承台的类型和参数值。

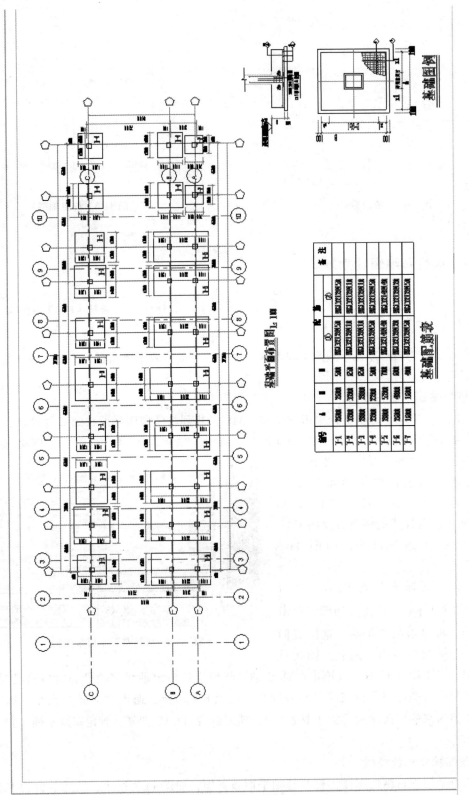

图 11-5　基础平面布置图参照

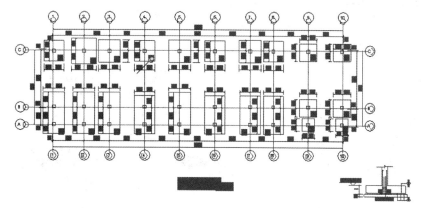

图11-6　锁定基础平面布置图

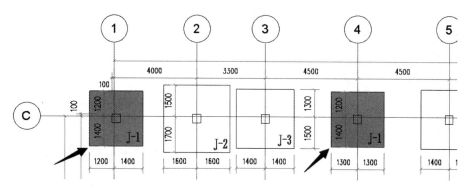

图11-7　基础承台类型和参数值

1）双击"基础标高"进入基础楼层平面，在"结构"选项卡下，单击"基础"面板上的"独立基础"，Revit2016自动切换至"修改 | 放置独立基础"选项卡，如图11-8所示。

2）在"属性"面板"类型选择器"中选择"独立基础1800×1200×450mm"作为当前独立基础类型，如图11-9所示，打开"类型属性"对话框，复制出独立承台类型，名称为"J1-2600×2600×500mm"，依次将承台"宽度"设置为"2600.0"，承台"长度"设置为"2600.0"，承台"厚度"设置为"500.0"，完成后单击"确定"按钮，退出"类型属性"对话框，如图11-10所示。

3）继续选择"J1-2600×2600×500mm"作为当前独立承台类型，打开"类型属性"对话框，复制出独立承台类型名称为"J2-3200×3200×650mm"，如图11-11所示，依次将承台"宽度"设置为"3200.0"，承台"长度"设置为"3200.0"，承台"厚度"设置为"650.0"，完成后单击"确定"按钮，退出"类型属性"对话框。

参考上述2）和3）的创建方法，同理创建出："J3-2800×3200×650mm""J4-2200×2200×500mm""J5-2800×5200×700mm""J6-2600×4800×600mm""J2-1600×1600×400mm"承台类型，打开"类型选择器"，创建的承台类型如图11-12所示。

4）在"属性"面板"类型选择器"中选择"J1-2600×2600×500mm"承台，将"限制条件"中的"标高"设置为"基础"，如图11-13所示。

修改 | 放置 独立基础　　□ 放置后旋转

图 11-8　修改 | 放置独立基础

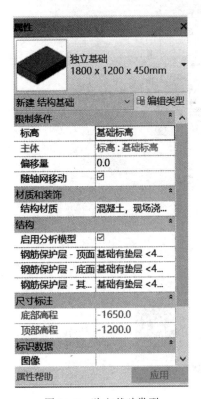

图 11-9　独立基础类型

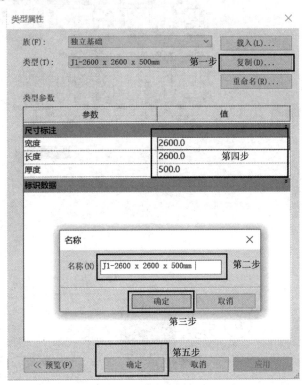

图 11-10　创建"J1-2600×2600×500mm"承台类型

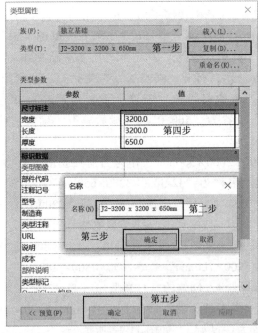

图 11-11　创建"J2-3200×3200×650mm"承台类型

5）选择"J1-2600×2600×500mm"承台，在绘图区域将承台放置在①轴与C轴交点处，如图11-14所示。

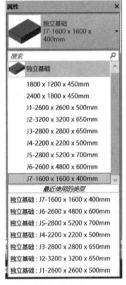

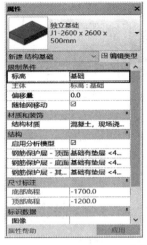

图11-12　创建项目所有承台类型　　图11-13　"J1-2600×2600×500mm"承台属性对话框

6）J1承台放置完成后，承台的外边线与图样承台的边缘线并没有对齐。在"修改"面板选择"对齐"工具，单击图样承台的水平方向外边线，出现蓝色虚线表示被选中，再单击J1承台的水平方向外边线，这样就完成承台水平方向与图样承台的水平方向对齐了。按照上述方法再将承台的竖向方向与图样承台的竖向方向对齐。

这样，我们将布置到项目的J1承台与图样J1承台对齐，如图11-15所示。

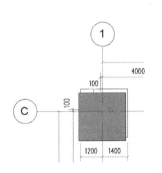

图11-14　放置"J1-2600×2600×500mm"承台

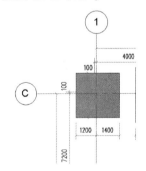

图11-15　对齐承台

7）单击选择布置好的J1承台，在"修改"面板选择"复制"工具，切换至"修改 | 结构基础"选项卡，勾选选项栏的"约束""多个"选项，如图11-16所示。

修改 | 结构基础　　☑约束☐分开　☑多个

图11-16　"修改 | 结构基础"选项卡

8）鼠标捕捉布置好的J1承台的端点（如左下角），水平移动至图样④轴与C轴相交处J1承台的左下角端点，如图11-17所示。单击确定布置J1承台。参考上述操作，布置⑧轴与C轴相交处的承台。

按照步骤4）~8）的方法，依次将："J2-3200×3200×650mm""J3-2800×3200×650mm""J 4-2200×2200×500mm""J5-2800×5200×700mm""J6-2600×4800×600mm""J2-1600×1600×400mm"承台正确布置到项目中。

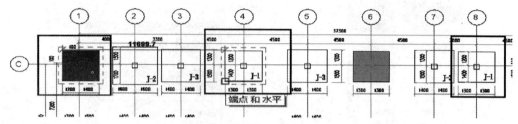

图 11-17 布置④轴与 C 轴相交处 J1 承台

9）在"视图"选项卡下，单击"可见性/图形"工具，在弹出"可见性/图形"对话框中单击"导入的类别"，单击去掉"基础平面布置图.dwg"文件名前面的"✔"，再单击"确定"按钮，如图 11-18 所示。这样我们将已不需要的基础平面布置图在项目中隐藏。

图 11-18 隐藏基础平面布置图

操作完成后，结构基础的所有承台在基础楼层的平面图如图 11-19 所示，单击快速访问栏的 ⌂ 按钮，切换至三维视图，如图 11-20 所示。

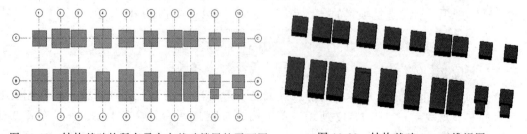

图 11-19 结构基础的所有承台在基础楼层的平面图　　图 11-20 结构基础——三维视图

11.2 一层结构柱体系的创建

11.2.1 建筑柱和结构柱的区别

实训目标：了解建筑柱和结构柱的区别和联系，在功能、作用、Revit 的绘制方法及统计区别。

Revit 提供了两种类型柱，即结构柱和建筑柱，两种柱在 Revit 中的功能、作用以及绘制的方法有所不同。

1) 建筑柱起到装饰和维护的作用，不承受上部结构传来的荷载，适用于墙垛和外部装饰柱。

2) 结构柱主要承受梁、楼板、墙体等上部结构传来的荷载，将荷载传至下部结构，起到竖向支撑的作用。当结构柱传递荷载时，结构工程师可以为结构柱进行受力分析和配置钢筋。

3) 此外二者在绘制方法上也有区别，结构柱可以有垂直柱和斜柱两种放置方法，建筑柱只能垂直布置。

4) 建筑柱的属性和墙体相同，可以自动连接继承其连接到墙体等主体构件的材质，如墙的复合层包络建筑柱，而结构柱与墙体是相互独立的，因此创建好结构柱以后，可以通过创建建筑柱来形成结构柱的外部装饰面层。

5) 在 Revit 中，建筑柱和结构柱在明细表统计中是分开统计的。

11.2.2 创建和编辑结构柱

实训目标：掌握结构柱创建和编辑方法，约束和限制条件，以及布置方式等。

Revit 建模中所指的结构柱一般为框架结构、框架剪力墙结构或混合结构中的框架柱或框支柱，主要承受梁和板传来的荷载，并将荷载传给下部结构，起到竖向支撑的作用。

Revit 结构柱的建模方法相对比较简单，本小节以教学楼一层框架柱为例，介绍结构柱的建模流程和方法。

1. 修改楼层平面的视图范围

双击楼层平面"F1"，可以看到基础承台在"F1"楼层平面显示，这时我们需要调整当前楼层的视图范围，使承台在当前楼层不可见。

在"属性"面板中找到"视图范围"选项，单击"编辑"，将"视图范围"对话框中的"主要范围"类中的"顶"设置为"标高之上（F2）"；"底"设置为"相关标高（F1）"，偏移量设置为"0.0"；"视图深度"类别中的"标高"设置为"相关标高（F1）"，偏移量调为"0.0"，最后单击"确定"按钮完成设置，如图 11-21 所示。

2. 链接一层柱图纸

1) 单击"插入"选项卡，单击"链接 CAD"，找到教学楼图样所在文件目录，选择"一层柱"，勾选"仅当前视图"，"颜色"设置为"保留"，"图层/标高"设置为"全部"，

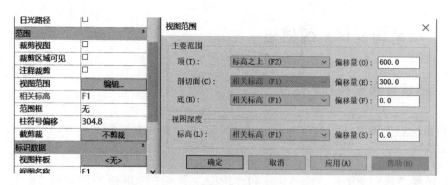

图 11-21　调整"F1"平面的视图范围

"导入单位"设置为"毫米",勾选"纠正稍微偏离轴的线","定位"设置为"自动-中心到中心",如图 11-22 所示。这样我们将所需要的 CAD 一层柱底图链接到项目中,如图 11-23 所示。

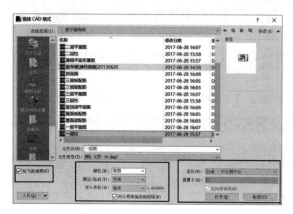

图 11-22　链接一层柱平面图

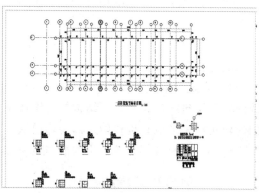

图 11-23　一层柱平面参照

2)单击选中一层柱平面 dwg,在"修改"面板选择移动工具,切换至"修改 | 一层柱 dwg"选项卡,移动并捕捉"一层柱 dwg"①轴与 C 轴的交点,单击完成图样的移动对齐。通过移动操作,图样与项目完成了对齐操作。按〈ESC〉键,退出"对齐"命令。选中图样,单击弹出来的修改面板 "工具锁定",锁定链接的 CAD 图。一层平面柱类型如图 11-24 所示。

提示:CAD 图对齐的操作,11.1.2 讲述通过"修改"面板的"对齐"工具完成,这一节介绍通过"移动"的工具来完成。

3. 新建柱子类型

打开一层柱,参照矩形柱的类型和参数值新建柱子类型,如图 11-25 所示。

1)在"结构"选项卡下,单击"柱"工具,自动切换至"修改 | 放置 独立基础"选项卡。

2)在"属性"面板"类型选择器"中选择"混凝土-矩形-柱 300×450mm"作为当前柱类型,单击"编辑类型"按钮,打开"类型属性"对话框,复制出矩形柱类型,名称为"KZ1-400×400",如图 11-25 所示,依次将矩形柱"尺寸标注"中的"b"调整为

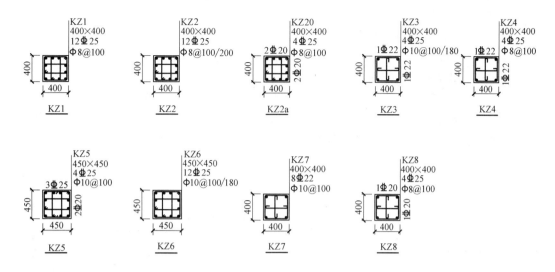

图 11-24　一层平面柱类型

"400.0"，"h" 调整为 "400.0"，完成后单击 "确定" 按钮，退出 "类型属性" 对话框。

3）在 "修改 | 放置 结构柱" 选项卡中将结构柱约束条件 "深度" 切换成 "高度"，如图 11-26 所示。

4）选择 "KZ1-400×400" 结构柱后，在绘图区域将 "KZ1-400×400" 放置在①轴与 C 轴交点处，如图 11-27 所示。

5）"KZ1-400×400" 结构柱放置完成后，结构柱的外边线与 CAD 图结构柱的边缘线并没有对齐，在 "修改" 面板选择 "对齐" 工具，单击图样结构柱的水平方向外边线，出现蓝色虚线表示被选中，再单击 "KZ1-400×400" 的水平方向外边线，这样就完成柱子水平方向与图样结构柱的水平方向对齐操作，按照上述方法外再将 "KZ1-400×400" 的竖向外边线与图样的竖向方向对齐。对齐后的结构柱 "KZ1-400×400" 如图 11-28 所示。

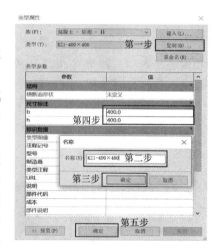

图 11-25　创建 KZ1-400×400 矩形柱

图 11-26　"修改 | 放置 结构柱" 中的 "深度" 调成 "高度"

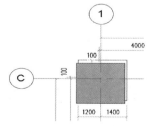

图 11-27　放置 "KZ1-400×400" 结构柱

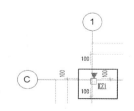

图 11-28　对齐后的 "KZ1-400×400"

按照步骤 2）～5）绘制出"F1"楼层中所有的结构柱："KZ1-400×400""KZ2-400×400""KZ2a-400×400""KZ3-400×400""KZ4-400×400""KZ5-450×450""KZ6-450×450""KZ7-400×400""KZ8-400×400"，"F1"楼层所有结构柱的二维和三维视图如图 11-29 所示。

6）关闭一层柱 CAD 图，操作步骤可参考 11.1.2 的 9）中基础平面布置图的关闭隐藏。

提示：如在"F1"楼层平面绘制"KZ2""KZ3""KZ4"等多个矩形柱时，可以参考 11.1.2 中复制的方法完成矩形柱的绘制。

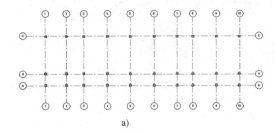
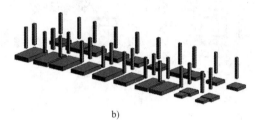

a)　　　　　　　　　　　　　　　　b)

图 11-29　结构柱模型

7）进入三维视图后，从左至右框选模型，Revit 自动切换到模型"修改 | 选择多个"选项卡，单击"过滤器"工具，单击"放弃全部"后，只勾选结构柱，如图 11-30 所示。这样将其他构件过滤掉，只选择"F1"楼层平面结构柱。

8）在"属性"面板里，将结构柱"限制条件"中的"底部标高"调整为"基础"，如图 11-31 所示。单击绘图空白区域完成后，调整后的结构柱三维状态如图 11-32 所示。

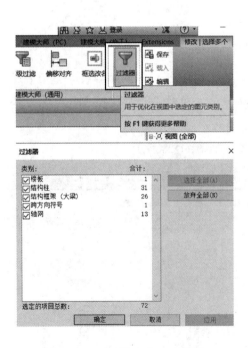

图 11-30　过滤器选中 F1 结构柱

图 11-31　修改底部标高为"基础"

图 11-32　调整后的结构柱三维状态

11.3 创建和编辑混凝土梁

11.3.1 主梁和次梁的定义

> **实训目标：** 了解和熟悉结构主梁和次梁的功能、二者的区别和联系，以及 Revit 建模方法的联系。

结构梁分为主梁和次梁两种形式。主梁是将其上的荷载通过两端支座直接传递给柱或墙的梁；次梁是将其上的荷载通过两端支座传递给主梁的梁。

简单地说就是：主梁直接布置在框架柱或结构墙上，次梁布置在主梁上。

Revit 提供了"梁"和"梁系统"两种创建结构梁的方式，绘制结构梁基本上与承台和结构柱相同，必须先载入相关的梁族文件，方法同结构柱。但梁在 Revit 中被称为"结构框架"，使用前先设置好梁的名称，方法与承台、结构柱的创建方法类似。梁有自动和手动创建两种方式。

本节介绍手动创建方式，我们可以用与绘制墙体相似的方法绘制任意形式的梁，与之前我们在布置承台和结构柱的方法类似，需要载入建模所需要的梁族。根据教学楼设计图的要求选择梁族，常规钢筋混凝土梁选择"混凝土-矩形梁"。结构样板已有矩形梁类型，如果存在异形混凝土矩形梁，如加腋梁、变截面梁，则需要根据实际情况建立相应的族文件。本项目没有异形梁，所有混凝土梁类型创建都是基于结构样板自带的"混凝土矩形梁"。

11.3.2 创建和编辑主梁

> **实训目标：** 掌握主梁创建和编辑的方法，了解限制条件、几何图形的位置和绘制主梁的方法。

本节将以一层地梁配筋图中 C 轴处的 DKL12（9）梁为例（截面尺寸：250×400mm），来介绍主梁的创建和编辑。

1. 修改楼层平面视图范围

在绘制主梁时，考虑到梁的顶部对正的实质是梁按照截面厚度在当前楼层向下偏移，所以我们需要调整"F1"楼层平面的视图范围，参照 11.2.2 中修改视图范围的操作，将"主要范围"类别中的"底"调整为"相关标高（F1）"，偏移量调整为"－600.0"；"视图深度"类别中的"标高"调整为"相关标高（F1）"，偏移量调为"－600.0"，最后单击"确定"按钮完成设置。本小节这里不再赘述。

2. 链接地梁配筋图

将地梁配筋图 CAD 图链接至项目，并完成对齐和锁定。具体操作方法请参考 11.2.2 节内容，这里不再赘述。

3. 主梁的编辑和绘制

1）单击"结构"选项卡"结构"面板中"梁"工具，自动切换至"修改 | 放置 梁"

选项卡。

2）在"属性"面板"类型选择器"中选择"混凝土-矩形梁 DKL12（9）-250×400mm"作为当前梁类型，单击"编辑类型"按钮，打开"类型属性"对话框，复制出矩形柱类型，名称为"DKL12（9）-250×400mm"，如图 11-33 所示，修改梁宽 b 为 250，梁高 h 为 400，完成后单击"确定"按钮，退出编辑类型对话框。

3）在"属性"面板中，将"限制条件"中的"参照标高"设置为"F1"，"Z轴对正"设置为"顶"，即主梁顶部和当前标高"F1"对齐，如图 11-34 所示。

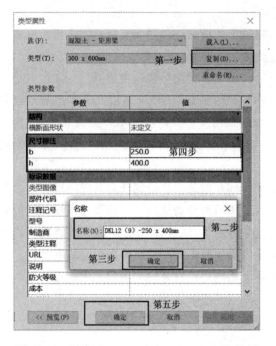

图 11-33　创建"DKL12（9）-250×400mm"地梁

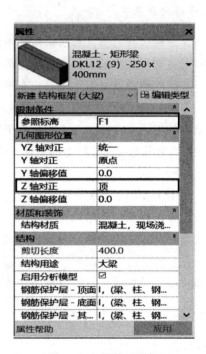

图 11-34　属性对话框

4）设置绘图区上方"修改 | 放置 梁"选项卡，将选择栏区中的"放置平面"设置为"标高：F1"，"结构用途"为"大梁"（就是主梁的意思），若不清楚该梁属于何种类型，可以选择"结构用途"为"自动"。另外，不勾选"三维捕捉"和"链"复选框，同时，确认"绘制面板"中的绘制方式为"拾取线"，如图 11-35 所示。

图 11-35　"绘制面板"绘制方式为"拾取线"

5）单击轴 C 水平线上①轴与②轴间 CAD 图梁实线，顺时针右侧梁实线，①轴与②轴梁绘制完成后，单击梁，在"修改"面板选择"对齐"工具，单击顺时针左侧梁实线，出现蓝色虚线表示被选中，再次单击梁外边线，即完成①轴与②轴间主梁的对齐操作，如图 11-36 所示。

图 11-36 修改对齐

6) 参考 5) 的操作，绘制轴 C 水平线上相邻轴线间的主梁，"DKL12 (9)-250×400mm" 地梁，如图 11-37 所示。

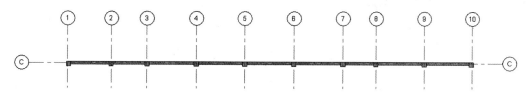

图 11-37 绘制完成后的 "DKL12 (9)-250×400mm" 地梁

提示： 在 6) 操作完成后，先选择图样，将图样临时隐藏，快捷键是：HH。

按照步骤 3) ~6) 中的方法绘制出 "F1" 楼层中所有的主梁，如图 11-38 所示。

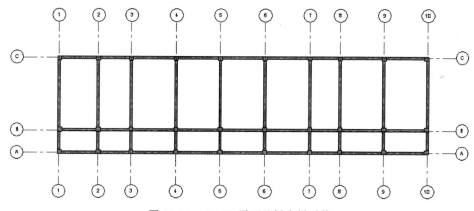

图 11-38 "F1" 平面地梁主梁系统

Revit 允许绘制包括直线、弧线、样条曲线、半椭圆在内的多种形式的梁。与基础承台、结构柱类型一样，通过载入不同的梁族，可以生成不同截面形式的梁。Revit 提供了"公制结构框架-梁和支撑.rfa"族样板，允许用户自定义任意形式的梁族，本节练习使用的"混凝土-矩形梁.rfa"为 Revit 结构样板文件自带的族文件。

11.3.3　创建和编辑次梁

实训目标： 掌握次梁创建和编辑的方法，了解限制条件、几何图形的位置和绘制次梁的方法。

次梁的创建和编辑与主梁基本相同，不同之处在于创建次梁时，在"结构用途"处选择"托梁"或者"自动"。

"F1"楼层的次梁这里不再赘述，具体操作方法请参考11.3.2节内容。

按照11.3.2节内容的方法，我们将"F1"楼层平面的梁和"F2"楼层平面的梁全部创建完成，创建后的模型如图11-39所示。

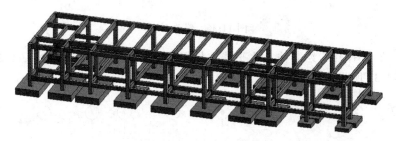

图 11-39　创建完成后"F1"和"F2"楼层平面梁

1）从左至右框选模型，Revit自动切换到模型"修改 | 选择多个"选项卡，单击面板工具"过滤器"，单击"放弃全部"后，只勾选"结构框架（大梁）"，如图11-40所示。这样将其他构件过滤掉，只选择模型结构梁。

2）在"属性"面板中的"结构"类别中，将"启用分析模型"复选框的"✔"去掉，如图11-41所示，关闭"启用分析模型"，关闭分析后的结构模型如图11-42所示。

图 11-40　过滤器选中结构梁　　　　　　图 11-41　关闭分析模型

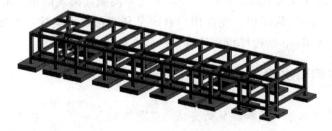

图 11-42　关闭分析后的结构模型

11.4 创建和编辑结构楼板

11.4.1 建筑楼板和结构楼板的区别

> **实训目标**：了解建筑楼板和结构楼板间的区别和联系，了解楼板的绘制方法。

建筑楼板包含建筑面层，但不参与受力，不能添加布置钢筋等信息。结构楼板是为了方便在楼板中布置钢筋，进行受力分析等结构专业应用而设计的。提供了钢筋保护层厚度等参数。

通常结构楼板只包含核心层，建筑楼板包含建筑面层等其他装饰层，在本项目创建建筑楼板楼面上建筑装饰层，起到装饰、保护结构楼板的作用；创建的结构楼板的钢筋混凝土结构层，起到承受上部荷载的作用。当建筑模型和结构模型完成后，将两者链接在一起，便完成了完整的楼板模型。

结构楼板与建筑楼板的绘制方式相同。建筑楼板与结构楼板绘制完成后，也可在"属性"面板中调整。调整的方法很简单，只需选中绘制完成的建筑楼板，勾选左边"属性"里的"结构"即可，这样该建筑楼板即转化为结构楼板，也就具有了结构楼板的属性，如图 11-43 所示。反之，不勾选"属性"里的"结构"，则结构楼板转换为建筑楼板。

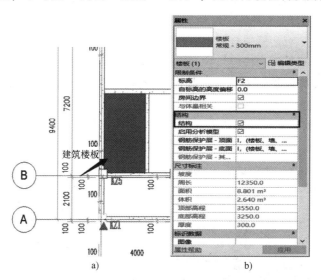

图 11-43　建筑楼板转化为结构楼板

11.4.2 创建结构楼板

> **实训目标**：掌握结构楼板的绘制方法，完成"F2"楼层平面楼板绘制。

Revit 提供了三个与结构楼板相关的命令：结构楼板、建筑楼板和楼板边。楼板边属于 Revit 的主体放样构件，通过"类型属性"中指定的轮廓，沿着所选择的楼板边缘生成三维构件，建筑楼板和结构楼板的绘制通过绘制楼板边界来完成，二者的绘制方法相同，本节将通过教学楼项目 F2 层结构楼板的创建方法进行介绍。

1. 链接二层板配筋图

将"二层板配筋图.dwg"链接至项目，并完成对齐和锁定。具体操作方法请参考 11.2.2 节内容。

2. 结构楼板的编辑与绘制

1）单击"结构"选项卡结构面板中"楼板"工具，自动切换至结构楼板草图编辑状态。

2）设置楼板属性。在"属性"面板"类型选择器"中选择"常规-300mm"楼板类型。

单击"编辑类型"按钮，打开"类型属性"对话框，如图 11-44 所示，复制一个新的结构楼板类型，命名为："结构楼面-混凝土-100mm"，单击"确定"按钮。

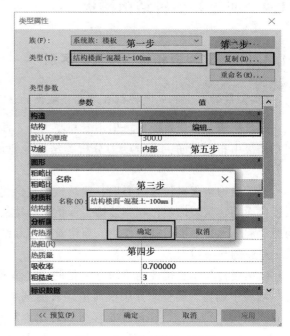

图 11-44 "类型属性对话框"

3）设置楼板材质与厚度。单击"构造"板块下"结构"后的"编辑"按钮，在弹出的"编辑部件"对话框中打开"材质浏览器"，选择楼面"材质"为"混凝土，现场浇注-C25"，选择材质后单击"确定"按钮完成确认。厚度设置为"100.0"，完成后单击"确定"按钮，返回"类型属性"对话框，如图 11-45 所示，在"类型属性"对话框中，单击"确定"按钮，返回到草图编辑模式。

4）在"绘制"面板中选择"边界线"，再选择"拾取线"工具，如图 11-46 所示。

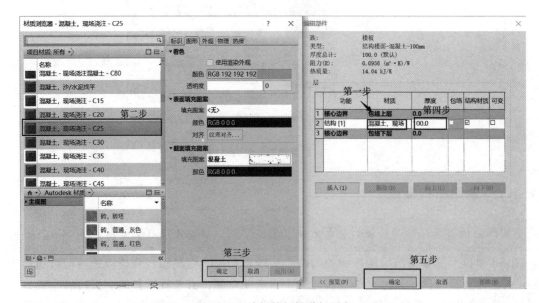

图 11-45 编辑楼板材质与厚度

图 11-46　楼板边界拾取线工具

5）确认"属性"面板中"标高"为"F2"楼层平面，"自标高的高度偏移"为"-50.0"。依据 CAD 图，绘制卫生间楼板"高度偏移"为"H-0.05m"，所以设置为"-50mm"。单击所要绘制楼板区域的梁内侧线，所拾取的线要形成一个闭合的边界，当拾取线不能形成闭合时，可以选择"修改"面板中的"修改 | 延伸为角"工具，再分别单击所要保留的两条线，如图 11-47 所示。

6）闭合的楼板边界如图 11-48 所示，单击"修改 | 创建楼板边界"选项卡"模式"面板中的完成模型"✔"按钮，如图 11-49 所示。

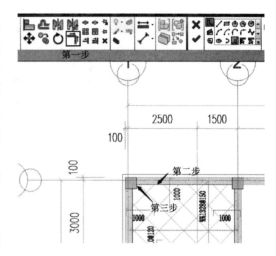

图 11-47　修剪楼板边界

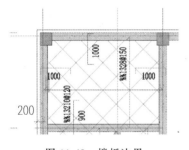

图 11-48　楼板边界

图 11-49　完成楼板编辑模式

7）按照 1）～5）中的方法，创建"F2"楼层平面中卫生间（男卫生间和女卫生间）、盥洗室、前室、走廊，以及普通教室的楼板。需要注意的是，根据 CAD 图提供的二层配筋图，卫生间（男卫生间和女卫生间）、盥洗室、前室降板 50mm，走廊降板 20mm，其他不设置降板。所以在绘制楼板时，需要在"属性"面板里设置"自标高的高度偏移"为相应的数值。绘制完成后的 F1 楼层平面楼板如图 11-50 所示。

> 小结：请大家依照 11.1、11.2、11.3、11.4 节内容所介绍的结构模型建模方法，将完整的结构模型创建出来，完成后的模型如图 11-51 所示（此为结构模型创建，请读者练习）。

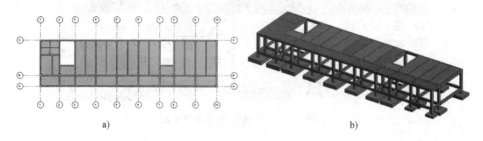

图 11-50　F1 楼层平面楼板在二维和三维显示

图 11-51　教学楼结构模型

习　　题

11-1. "结构"选项卡中"构件面板"下"梁"的结构用途有（　　　　）。

A. 大梁　　　　　B. 水平支撑　　　　　C. 托梁　　　　　D. 檩条　　　　　E. 连梁

11-2　链接建筑模型，设置定位方式中，自动放置的选项不包括（　　　　）。

A. 中心到中心　　B. 原点到原点　　　　C. 按共享坐标　　D. 按默认坐标

11-3　当结构模型创建完成后如图 11-52 所示，在三维显示中对应结构柱、结构梁有橙红色的线条，请关闭显示，提示：此线条显示和结构分析模型有关。

图 11-52　习题 11-3 图

<<<<<<<

第 12 章

施工图设计

实训目标：要在 Revit 中创建施工图，就必须根据施工图设置各视图属性，控制模型对象的显示，修改各类模型图元在各视图中的截面、投影的线型、打印线宽、颜色等图形信息。

12.1 对象样式管理

在 CAD 中是通过"图层"进行图元的分类管理、显示控制、样式设定的，而 Revit 放弃了图层的概念，采用"对象类别"与"子类别系统"组织和管理建筑信息模型中的信息。在 Revit 中各图元实例都隶属于"族"，而各种"族"则隶属于不同的对象类别，如墙、门、窗、柱、楼梯等。

以教学楼为例，所有窗图元实例都属于"窗"对象类别，而每一个"窗"对象都由更详细的"子类别"图元构成，如洞口、玻璃、框架等，如图 12-1 所示。

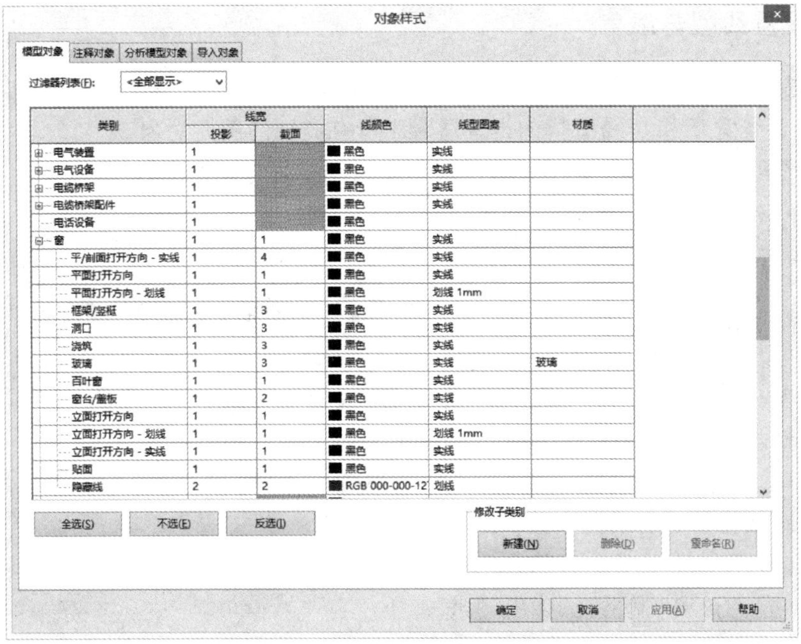

图 12-1　对象样式

Revit实现上述管理方式主要通过"对象样式"和"可见性/图形替换"工具来实现。"对象样式"工具可以全局查看和控制当前项目中"对象类别"和"子类别"的线宽、线颜色等。"可见性/图形替换"则可以在各个视图中对图元进行针对性地可见性控制、显示替换等操作，如图12-2所示。

图12-2　可见性图形控制

下面将详细介绍Revit中"对象样式"的管理过程。

12.1.1　设置线型与线宽

通过设置Revit中的线型、线宽等属性，可以控制各类模型对象在视图投影线或截面线的图形表现。"线宽"和"线型"的设置适合于所有类别的图元对象。

下面以教学楼项目为例，说明设置线型与线宽的方法与操作步骤。

1）打开教学楼项目文件，切换至"F1"楼层平面视图，在"管理"选项卡的"设置"面板中单击其他设置"其他设置"下拉菜单，在菜单中选择"线型图案"选项，打开"线型图案"对话框，如图12-3所示。

2）在"线型图案"对话框中显示了当前项目中所有可用的线型图案名称和线型图案预览。单击"新建"按钮，弹出"线型图案属性"对话框。如图12-4所示，在

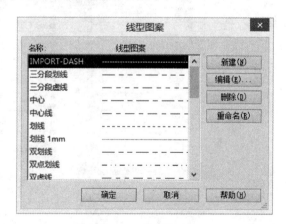

图12-3　线型图案

"名称"栏中输入"GB 轴网线",作为新线型图案的名称;定义第 1 行"类型"为"划线","值"为"12mm";设置第 2 行"类型"为"空间","值"为"3mm";设置第 3 行"类型"为"划线","值"为"1mm";设置第 4 行"类型"为"空间","值"为"3mm"。设置完成后单击"确定"按钮,返回"线型图案"对话框。再次单击"确定"按钮退出"线型图案"对话框。

> **提示**:线型图案必须以"划线"或"圆点"形式开始,线型图案的"值"均指打印后图纸上的长度值。在视图不同比例下,Revit 会自动根据视图比例缩放线型图案。

3)选择视图中任意轴线,打开"类型属性"对话框。修改"轴线中段"为"自定义",修改"轴线中段填充图案"为上一步中创建的"GB 轴网线",其余参数设置如图 12-5 所示。

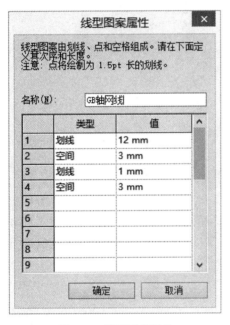

图 12-4　线型图案属性

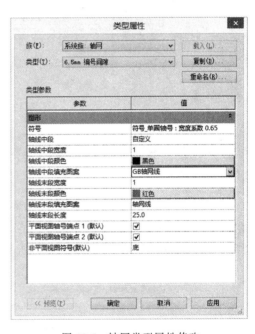

图 12-5　轴网类型属性修改

> **注意**:"轴线中段宽度"值的"1"并不代表其宽度是 1mm,而是线宽代号。单击"确定"按钮,退出"类型属性"对话框,Revit 将使用"GB 轴网线"重新绘制所有轴网图元。

4)在"管理"选项卡的"设置"面板中单击"其他设置"下拉菜单,在弹出的菜单中选择打开"线宽"对话框,如图 12-6 所示,可以分别对"模型线宽""透视视图线宽"和"注释线宽"进行设置。

5)Revit2016 为每种类型的线宽提供 16 个设置值。在"模型线宽"选项卡中,1～16 代表视图中各线宽的代号,可以分别指定各代号线宽在不同视图比例下的线的打印宽度值。单击"添加"按钮,可以添加视图比例,并在该视图比例下指定各代号线宽的值。

图 12-6　线宽设置

提示：Revit 材质中设置的"表面填充图案"和"截面填充图案"采用的是"模型线宽"设置中代号为"1"的线宽值。

6）切换至"透视视图线宽"和"注释线宽"选项卡，选项卡中分别列举了模型图元对象在透视图中显示的线宽和注释图元，如尺寸标注、详图线等二维对象的线宽设置，同样以代号 1~16 代表不同的线宽，如图 12-7 所示，将"注释线宽"的各编号下的线宽值进行修

图 12-7　透视视图线宽

改，例如，图 12-5 所示的轴网线宽为 "1"，表示各比例下打印宽度值为 0.14mm（细线），单击 "确定" 按钮，退出 "线宽" 对话框。保存该文件并查看最终结果。

12.1.2 设置对象样式

可以针对 Revit 中的各对象类别和子类别分别设置截面和投影的线型和线宽，用来调整模型在视图中显示样式。

下面为教学楼项目设置对象样式，调整各类别对象在视图中的显示样式。

1）接上一节项目文件，切换至 F2 楼层平面视图，适当放大教学楼左侧楼梯处位置。在 "管理" 选项卡的 "设置" 面板中单击 "对象样式" 按钮，打开 "对象样式" 对话框。该对话框中根据图元对象类别分为模型对象、注释对象、分析模型对象和导入对象四个选项卡，分别用于控制模型对象类别、注释对象类别、分析模型对象类别和导入对象类别。

如图 12-8 所示，确认当前选项卡为 "模型对象" 选项卡。在列表中列出了所有当前建筑规程中的对象类别，并分别显示各类别的投影线宽、截面线宽（如果该类别对象允许剖切显示）、颜色、线型图案及材质。

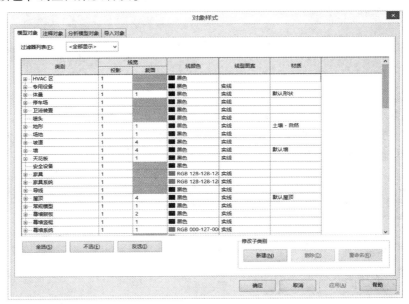

图 12-8 模型对象样式

2）规程是 Revit 用于区分不同设计专业的模型对象类别的。Revit 支持显示的有建筑（默认）、结构、机械、电气和管道共 5 种规程。如果需要显示 Revit 的某种对象类别，请勾选 "对象样式" 对话框过滤器列表中 "类别" 选项。

如图 12-9 所示，浏览至 "楼梯" 类别，确认 "楼梯" 类别 "投影" 线宽代号为 "2"，修改 "截面" 线宽代号为 "2"，即楼梯投影和被剖切时其轮廓图形均显示和打印为中粗线（参见上节 "线宽" 设置中 "模型线宽" 设置）；单击颜色按钮，修改其颜色为 "蓝色"，确认 "线型图案" 为 "实线"。单击 "确定" 按钮，退出 "对象样式" 对话框。视图中楼梯修改为新的显示样式。

同样，如图 12-10 所示，打开 "对象样式" 对话框，切换至 "注释对象" 选项卡，浏览至 "楼梯路径"，单击 "楼梯路径" 类别前的 "+"，展开楼梯子类别，分别修改 "文字

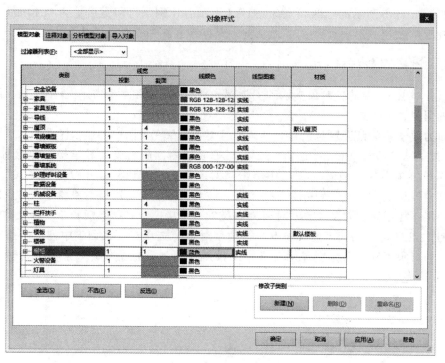

图 12-9　楼梯对象样式修改

（向上）"子类别"线颜色"为"红色"，"文字（向下）"子类别"线颜色"为"红色"，单击"确定"按钮，退出"对象样式"对话框，观察视图注释的文字标变化为红色了，并且修改后，其他视图也有了相应变化。

图 12-10　楼梯路径注释对象修改

Revit 允许为任何模型对象类别和绝大多数注释对象类别创建"子类别",但不允许在项目中新建对象类别,对象类别被固化在"规程"中。使用族编辑器自定义族时,可以在族编辑器中为该族中各模型图元创建该族所属对象的子类别。在项目中载入带有自定义的子类别族时,族中的子类别设置也将同时显示在项目中对应的对象类别下。

可以针对特定视图或视图中特定图元指定对象显示样式。选择需要修改的图元,单击鼠标右键,在弹出的菜单中选择"替换视图中的图形"→"按图元"选项,如图 12-11 所示。可以打开"视图专有图元图形"对话框,分别修改各线型的可见性、线宽、颜色和线型图案,如图 12-12 所示。

图 12-11 替换视图中的图形

图 12-12 视图专有图元图形

12.2 视图控制

在 Revit 中视图是查看项目的窗口,视图按显示类别可以分为平面视图、剖面视图、详图索引视图、绘图视图、图例视图和明细表视图共 6 大类视图。除明细表视图以明细表的方式显示项目的统计信息外,其他视图显示的图形内容均来自项目三维建筑设计模型的实时剖切轮廓截面或投影,可以包含尺寸标注、文字等注释类信息。

可以根据需要控制各视图的显示比例、显示范围,设置视图中对象类别和子类别的可见性。

12.2.1 修改视图显示属性

使用视图"属性"面板,可以调整视图的显示范围、显示比例等属性。接下来继续设置教学楼视图属性,学习设置 Revit 视图属性的方法。

1)接上一节练习。切换至"F2"楼层平面视图,该视图中除显示模型"F2"标高模型投影和截面外,还以淡灰色淡显"F1"楼层平面视图模型图元。在"视图"选项卡的"图形"面板中单击"视图属性"按钮,打开"视图属性"对话框。

2)如图 12-13 所示,在实例参数"图形"分组中设置"基线"为"无",即在当前视图中不显示基线视图。确认"视图比例"为"1∶100","显示模型"为"标准";设置"详细程度"为"粗略",这些参数的含义与视图底部"视图显示控制栏"中内容完全相同。设置"墙连接显示"为"清理所有墙连接",该选项仅当设置视图"详细程度"为

"粗略"时才有效；确认视图"规程"为"建筑"，不修改其他参数。完成后单击"确定"按钮，退出视图"实例属性"对话框，注意此时视图中不再显示基线图形和视图中墙截面显示的变化。

视图"详细程度"决定在视图中显示模型的详细程度，视图详细程度从粗略、中等到详细，依次更为精细，可以显示模型的更多细节。以墙对象为例，图 12-14 所示为教学楼项目中类型为"教学楼—砖墙 200—外墙"的图元在粗略和精细视图详细程度下的显示状态。墙在粗略视图详细程度下仅显示墙表面轮廓截面，而在精细视图详细程度下将显示墙"编辑结构"对话框中定义的所有墙结构截面。对于使用族编辑器自定义的可载入族，可以在定义族时指定不同的详细程度显示模型对象。

图形		
视图比例	1:100	
比例值 1:	100	
显示模型	标准	
详细程度	粗略	
零件可见性	显示原状态	
可见性/图形替换	编辑...	
图形显示选项	编辑...	
基线	无	
基线方向	平面	
方向	项目北	
墙连接显示	清理所有墙连接	
规程	建筑	
显示隐藏线	按规程	
颜色方案位置	背景	
颜色方案	<无>	
系统颜色方案	编辑...	
默认分析显示样...	无	

图 12-13 视图图形相关设置

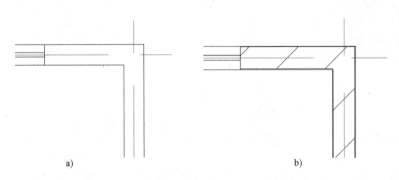

图 12-14 图元在粗略和精细视图详细程度下的显示状态示例
a）粗略视图详细程度下外墙轮廓显示　b）精细视图详细程度下外墙轮廓显示

"基线"视图是在当前平面视图下显示的另一个平面视图，例如，在二层平面图中看到一平面图的模型图元，就可以把一层设置为"基线"视图，"基线"视图会在当前视图中以半色调显示，以便和当前视图中的图元区别。"基线"除了可以为楼层平面视图外，还可以是顶棚视图，在开启"基线"视图后，可以通过定义视图实例参数中的"基线方向"指定在当前视图中该视图相关标高的楼层平面或是顶棚平面。

"规程"即项目的专业分类。项目视图的规程有"建筑""结构""机械""电气"和"协调"五种。Revit 根据视图规程亮显属于该规程的对象类别，并以半色调的方式显示不属于本规程的图元对象，或者不显示不属于本规程的图元对象。例如，选择"电气"将淡显建筑和结构类别的图元，选择"结构"将隐藏视图中的非承重墙。

在"管理"选项卡的"设置"面板中单击"其他设置"下拉菜单，在菜单中选择"半色调/基线"选项，打开如图 12-15 所示的"半色调/基线"对话框。在该对话框中，可以设置替换基线视图的宽度、填充图案、是否应用半色调显示，以及半色调的显示亮度等。"半色调"的亮度设置同时将影响不同规程，以及"显示模型"为"作为基线"显示时图元对象在视图中的显示方式。

3）继续以上步骤，切换至"F1"楼层平面视图。视图中仅显示"F1"标高之上的模型投影和截面，以及低于"F1"标高的图元构件。按出图要求，这些内容都显示在"F1"标高（即一层平面图）当中。打开视图"属性"对话框，单击范围参数分组中"视图范围"后的"编辑"按钮，打开"视图范围"对话框。

4）如图12-16所示，修改"视图深度"栏中"标高"为"标高之下（室外地坪）"，设置"偏移量"值为"0.0"。其他参数不变，单击"确定"按钮，退出"视图范围"对话框。注意 Revit 在"F1"楼层平面视图中投影显示"室外地坪"标高中散水等模型投影，但以红色虚线显示这些模型投影。

图 12-15 半色调/基线相关设置

图 12-16 调整视图范围

5）在"管理"选项卡的"设置"面板中单击"其他设置"下拉菜单，在菜单中选择"线样式"选项，打开"线样式"对话框，单击"线"前面的"+"按钮，展开"线子类别"，如图12-17所示，将"线"类别中的"<超出>"子类别的线宽代号修改为"1"，修改"线颜色"为"黑色"，修改"线型图案"为"实线"。设置完成后单击"确定"按钮，退出"线样式"对话框。

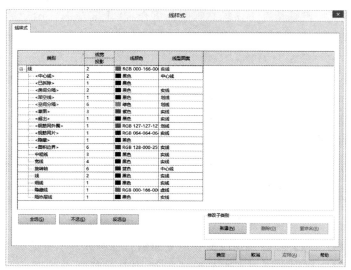

图 12-17 线样式子类别对话框

在"线样式"对话框中，可以新建用户自定义的线子类别，带尖括号的子类别为系统内置的线子类别，Revit 不允许用户删除或重命名系统内置子类别。视图中"线处理"工具或"详图线"工具在绘制二维详图时可使用。

6）打开"视图范围"对话框，设置"主要范围"栏中"底"标高为"标高之下（室外地坪)"设置"偏移量"为0，其他参数不变，单击"确定"按钮，退出"视图范围"对话框。

在 Revit 中，每个楼层平面视图和顶棚平面视图都具有"视图范围"视图属性，该属性也称为可见范围。

如图 12-18 所示，从立面视图角度显示平面视图的视图范围：顶部①、剖切面②、底部③、偏移量④、主要范围⑤和视图深度⑥。"主要范围"由"顶部平面""底部平面"用于指定视图范围的最顶部和最底部的位置，"剖切面"是确定视图中某些图元可视剖切高度的平面，这 3 个平面用于定义视图的主要范围。

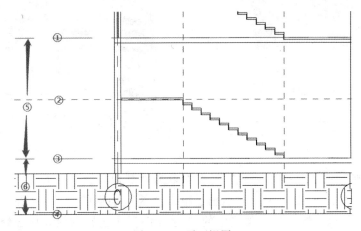

图 12-18　平面视图

"视图深度"是视图主要范围之外的附加平面可以设置视图深度的标高，以显示位于底裁剪平面之下的图元，默认情况下该标高与底部重合，"主要范围"的"底"不能超过"视图深度"设置的范围。主要范围和视图深度范围外的图元不会显示在平面视图中，除非设置视图实例属性中的"基线"参数。

在平面视图中，Revit 将使用"对象样式"中定义的投影线样式绘制属于视图"主要范围"内未被"剖切面"截断的图元，使用截面线样式绘制被"剖切面"截断的图元；对于"视图深度"范围内的图元，使用"线样式"对话框中定义的"<超出>"线子类别绘制。注意，并不是"剖切面"平面经过的所有主要范围内的图元对象都会显示为截面，只有允许剖切的对象类别才可以绘制为截面线样式。

12.2.2　控制视图图元显示

可以控制图元对象在当前视图中的显示或隐藏，用于生成符合施工图设计需要的视图。可以按对象类别控制对象在当前视图中的显示或隐藏，也可以显示或隐藏所选择的图元。在教学楼项目中，"F1"楼层平面视图中显示了包括 RPC 构件在内的图元，首层楼梯样式显示不符合中国施工图制图标准。需调整视图中各图元对象的显示，以满足施工图的要求。

1）接上一节练习。切换至"F2"楼层平面视图，在"视图"选项卡的"图形"面板中单击"可见性/图形"工具，打开"可见性/图形替换"对话框。与"对象样式"对话框类似，"可见性/图形替换"对话框中有模型类别、注释类别、分析模型类别、导入的类别和过滤器5个选项卡。

2）确认当前选项卡为"模型类别"，在"可见性"列表中显示了当前规程中所有的模型对象类别，如图12-19所示，取消勾选"专用设备""家具""常规模型"和"植物"等不需要在视图中显示的类别。Revit将在当前视图中隐藏未被选中的对象类别和子类别中的所有图元，为后面的施工图的绘制做好准备。

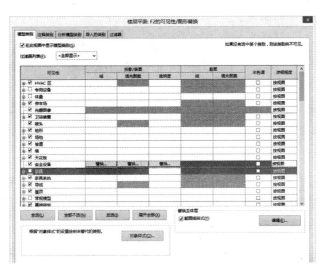

图12-19 可见性图形替换操作

3）切换至"注释类别"选项卡，取消勾选"参照平面""平面区域"和"立面"类别中的"可见性"选项。设置完成后单击"确定"按钮，退出"可见性/图元替换"对话框。视图中显示内容符合施工图要求，如图12-20所示。

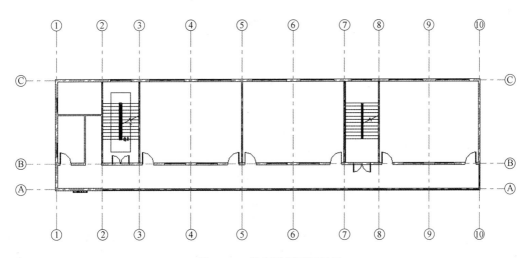

图12-20 控制视图图元显示

4）切换至西立面视图，选择"任意RPC植物"，单击鼠标右键，在弹出的菜单中选择"在视图中隐藏"——"类别"选项，如图12-21所示，隐藏视图中的植物对象类别。使用相同的方式隐藏施工图中不需要显示的对象类别。

> 注意：在视图中隐藏类别，是把整个视图中的该类别图元全部隐藏。

5）西立面视图中，除了左右两端的轴线需显示在施工图中外，其他轴线都需要隐藏。选择需要隐藏的轴线，单击鼠标右键，在弹出的菜单中选择"在视图中隐藏"—"图元"选项，隐藏所选择轴线，如图 12-22 所示。切换至其他立面视图，使用相同的方式根据立面施工图出图要求隐藏视图中的图元。

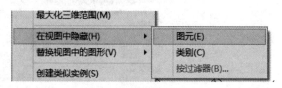

图 12-21　在视图中隐藏类别　　　　　　图 12-22　在视图中隐藏图元

隐藏图元后，可单击视图控制栏中的"显示隐藏的图元"按钮，Revit 将淡显其他图元并以红色显示已隐藏的图元，如图 12-23 所示。选择隐藏的图元，单击鼠标右键，从弹出的菜单中选择"取消在视图中隐藏"—"类别或图元"选项，即可恢复图元的显示。再次单击视图控制栏中的"显示隐藏的图元"按钮，返回正常视图模式。

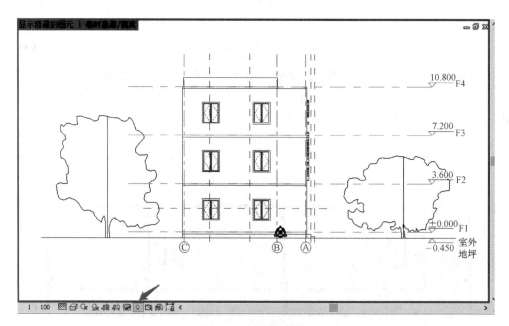

图 12-23　显示隐藏图元

在前面介绍的建模过程中，多次使用视图显示控制栏中的"临时隐藏/隔离"工具隐藏或隔离视图中对象。与"可见性/图形"工具不同的是，"临时隐藏/隔离"工具临时隐藏的图元在重新打开项目或打印出图时仍将被打印出来，而"可见性/图形"工具则是在视图中永久隐藏图元。要将"临时隐藏/隔离"的图元变为永久隐藏，可以在"临时隐藏/隔离"选项列表中选择"将隐藏/隔离应用于视图"选项。

12.2.3 视图过滤器

除使用上一小节中介绍的图元控制方法外，还可以根据图元对象参数条件，使用视图过滤器按指定条件控制视图中图元的显示。必须先创建视图过滤器，才能在视图中使用过滤条件。

1）接上一节练习。切换至"F1"楼层平面视图，在"视图"选项卡的"创建"面板中单击"复制视图"下拉菜单，在菜单中选择"复制视图"选项，如图12-24所示。以"F1"视图为基础复制新建名称为"F1副本1"的楼层平面视图，自动切换至该视图。不选择任何图元，修改属性面板"标识数据"参数分组中"视图名称"为"F1外墙"（可也通过选择项目浏览器中的"F1副本1"，单击右键进行重命名）。

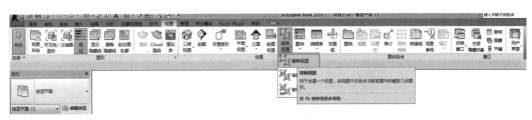

图12-24　复制图元

2）在"视图"选项卡的"图形"面板中单击"过滤器"工具，弹出"过滤器"对话框。如图12-25所示，单击"过滤器"对话框中的"新建"按钮，在弹出的"过滤器名称"对话框中输入"外墙"作为过滤器名称，单击"确定"按钮，返回"过滤器"对话框。在"类别"栏对象类别列表中选择"墙"对象类别，设置"过滤器规则"栏中"过滤条件"为"功能"，判断条件为"等于"，值为"外部"，如图12-26所示。过滤条件取决于所选择对象类别中可用的所有实例和类型参数。

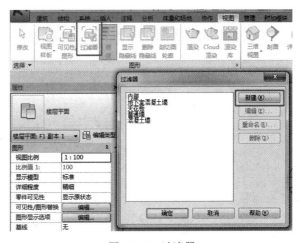

图12-25　过滤器

3）使用类似的方式，新建名称为"内墙"的过滤器，选择对象类别为"墙"，设置"过滤条件"为"功能"，判断条件为"等于"，值为"内部"。设置完成后单击"确定"按钮完成过滤器设置，如图12-27所示。

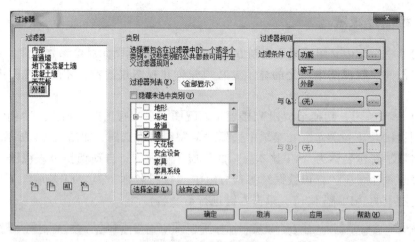

图 12-26　外墙过滤条件

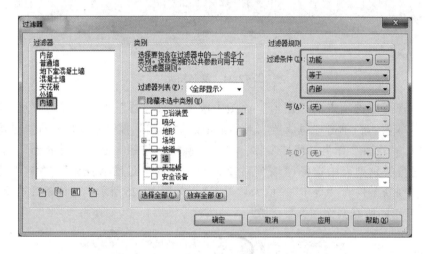

图 12-27　内墙过滤条件

4）打开"可见性/图形替换"对话框，切换至"过滤器"选项卡，单击"添加"按钮，弹出"添加过滤器"对话框，在对话框中列出了项目中已定义的所有可用过滤器。按住〈Ctrl〉键选择"外墙""内墙"过滤器，单击"确定"按钮，退出"添加过滤器"对话框。

5）设置完内外墙过滤器后，需要检查各墙体的"类型属性"的功能（"内部""外部"）设置是否正确，如图 12-28 所示。内墙功能设置为"内部"，外墙功能设置为"外部"。

6）如图 12-29 所示，在"可见性/图形替换"对话框中列出已添加的过滤器。设置"外墙"过滤器中"投影/表面—填充图案"颜色为"红色"，

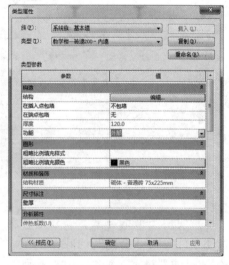

图 12-28　检查功能设置

投影/表面—填充图案为"实体填充";勾选名称为"内墙"过滤器中"半色调"选项。完成后单击"确定"按钮,退出"可见性/图形替换"对话框。

图12-29　设置过滤条件

7) 切换至默认三维视图,复制该视图并重命名为"3D外墙过滤",打开"可见性/图形替换"对话框,按类似的方式添加"外墙"过滤器,勾选"半色调","投影/表面透明度"设置为"50%",单击"确定"按钮完成设置。半色调透明外墙如图12-30所示。

图12-30　半色调透明外墙

使用视图过滤器,可以根据任意参数条件过滤视图中符合条件的图元对象,并可按过滤器控制对象的显示、隐藏及线型等。利用视图过滤器可根据需要突出表达设计意图,使图样更生动、灵活。

在任何视图上单击鼠标右键,即可调出"复制视图"菜单,如图12-31所示。使用"复制视图"命令,可以复制任何视图生成新的视图副本,各视图副本可以单独设置可见性、过滤器、视图范围等属性。复制后新视图中将仅显示项目模型图元,使用"复制

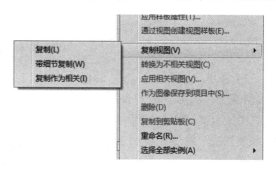

图12-31　复制视图菜单

视图"列表中的"带细节复制"命令，还可以复制当前视图中所有的二维注释图元，但生成的视图副本将作为独立视图，在原视图中添加尺寸标注等注释信息时不会影响副本视图，反之亦然。如果希望生成的视图副本与原视图实时关联，可以使用"复制作为相关"的方式复制新建视图副本。"复制作为相关"的视图副本中将实时显示主视图中的任何修改，包括添加二维注释信息。

12.3 视图的创建和管理

除复制现有视图外，可以根据需要在项目中建立任意类型的视图，并利用 Revit 的视图样板功能快速应用视图显示特性。

12.3.1 使用视图样板

使用"可见性/图形替换"对话框中设置的对象类别可见性及视图替换显示仅限于当前视图。如果有多个同类型的视图需要按相同的可见性或图形替换设置，则可以使用 Revit 提供的视图样板功能将设置快速应用到其他视图。

1) 接上一节练习。切换至"F2"楼层平面视图，在"视图"选项卡的"图形"面板中单击"视图样板"下拉选项列表，在列表中选择"从当前视图创建样板"选项，在弹出的"新视图样板"对话框中输入"教学楼-标准层"作为视图样板名称，完成后单击"确定"按钮，退出"新视图样板"对话框，如图 12-32 所示。

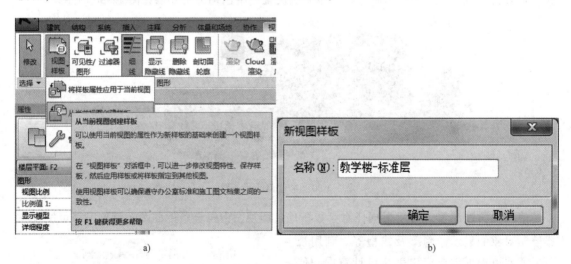

a)   b)

图 12-32 新建视图样板

2) 弹出"视图样板"对话框，如图 12-33 所示，Revit 自动切换"视图样板"栏中的"视图类型过滤器"为"楼层、结构、面积平面"类型，并在"名称"列表中列出当前项目中该显示类型所有可用的视图样板。在"视图样板"对话框中的"视图属性"栏中列出了多个与视图属性相关的参数，如"视图比例""详细程度"等，这些参数继承了"F2"楼层平面中的设置。当创建了视图样板后，可以在其他平面视图中使用此视图样板，达到快速设置视图显示样式的目的。单击"视图样板"对话框中的"确定"按钮，完成视图样板设置。

3）切换至"F3"楼层平面视图，该视图仍然显示"基线"视图以及参照平面、立面视图符号、剖面视图符号等对象类别，在"视图"选项卡的"图形"面板中单击"视图样板"工具的下拉菜单，在菜单中选择"将样板属性应用于当前视图"于选项如图12-34所示。将弹出的"应用视图样板"对话框中的"视图类型过滤器"选择为"楼层、结构、面积平面"，在"名称"列表中选

图12-33 视图样板属性

择上一步中新建的"教学楼-标准层"视图样板。完成后单击"确定"按钮，将视图样板应用于当前视图。"F3"视图将按视图样板中设置的视图比例、视图详细程度、可见性/图形替换设置等显示当前视图图形。

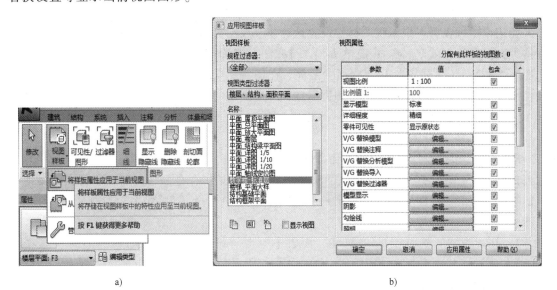

a)   b)

图12-34 应用视图样板

4）应用视图样板后，Revit不会自动修改"属性"面板中"基线"的设置，因此，必须手动调整"基线"，以确保视图中显示正确的图元。

5）在项目浏览器中，用鼠标右键单击楼层平面视图中"F4"视图名称，在弹出的菜单中选择"应用样板属性"选项，打开"应用视图样板"对话框，勾选对话框底部的"显示视图"选项，在名称列表中除列出已有视图样板外，还将列出项目中已有的平面视图名称，如图12-35所示。选择"F3"楼层平面视图，单击"确定"按钮，将"F3"视图作为视图样板应用于"F4"楼层平面视图，则"F4"视图按"F3"视图的

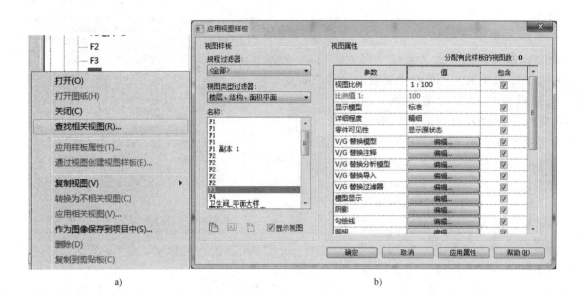

a)   b)

图 12-35　应用视图属性

设置重新显示视图图形。

　　使用视图样板可以根据视图样板设置快速修改视图显示属性。在处理大量施工图时，无疑将大大提高工作效率。Revit 提供了"三维视图、漫游""顶棚平面""楼层、结构、面积平面""渲染、绘图视图"和"立面、剖面、详图视图"等多类不同显示类型的视图样板，在使用视图样板时应根据不同的视图类型选择合适类别的视图样板。

12.3.2　创建视图

　　Revit 可以根据设计需要创建剖面、立面及其他任何需要的视图。

　　1）接上一节练习。切换至"F1"楼层平面视图，如果存在剖面，即在项目浏览器中用鼠标右键单击剖面视图名称，在弹出的右键关联菜单中选择"删除"，删除所有已有剖面，视图中对应的剖面符号也将被删除。

　　2）在"视图"选项卡的"创建"面板中单击"剖面"工具，进入"剖面"选项卡（也可在顶部单击"剖面"快捷按钮）如图 12-36 所示。在类型列表中选择"剖面：建筑剖面"作为当前类型，确认选项栏中"比例"值为"1：100"，不勾选"参照其他视图"选项，设置偏移量为"0.0"，如图 12-37 所示。剖切位置如图 12-38 所示，由于剖切从下往上，剖切视图方向从右向左，如果希望从左至右显示视图方向，应单击"翻转剖面"符号，同时可在平面上进行视图方向及范围的调整。同时，剖切线还可以转折，单击"剖面"面板中的"拆分线段"工具，如图 12-39 所示。在剖切线上需要转折剖切的位置单击鼠标左键，完成剖面绘制，如图 12-40 所示。同时，显示"剖面图造型操纵柄"及视图范围"拖曳"符号，可以精确修改剖切位置及视图范围，生成视图名称为"剖面 1"剖面视图，完成后按〈Esc〉键两次，退出剖面绘制模式。双击"剖面符号"蓝色标头或者在"项目浏览器"中的"视图"下的"剖面"中双击相应视图名称，Revit 将为该剖面生成剖面视图，如图 12-41 所示。

图 12-36　剖面功能键

图 12-37　剖切参数设置

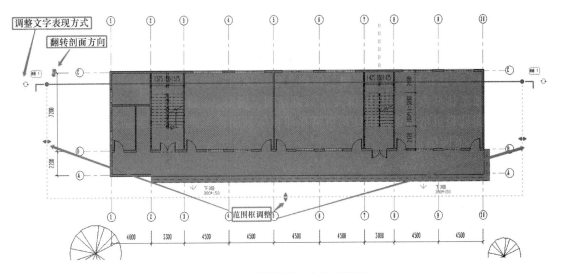

图 12-38　剖切位置、方向及范围

图 12-39　拆分线段工具

3）生成的剖面视图后，隐藏视图中参照平面类别、轴线、尺寸标注等不需要显示的图元，单击进入"可见性/图形替换"（快捷键"VV"）转到注释类别将以上参数去除勾选，同时在属性栏将裁剪区域可见去除勾选，如图 12-42 所示。可见性设置完成之后需单击标高线然后对标头进行拖动到教学楼视图一侧，如图 12-43 所示。注意：剖面"属性"面板中，

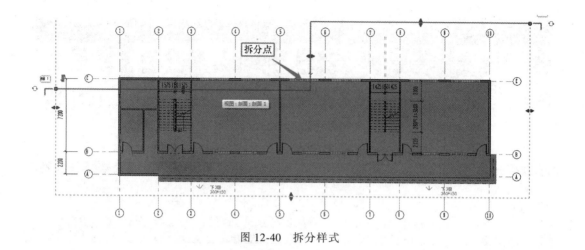

图 12-40　拆分样式

图 12-41　剖面视图

图 12-42　可见性设置

调整该"视图比例"为"1:100"修改默认视图"详细程度"为"粗略";修改"当比例粗略度超过下列值时隐藏"参数中比例值为"1:500",即当可以显示剖面符号的视图(如楼层平面视图)比例小于1:500时,将隐藏剖面视图符号;"远剪裁"偏移值显示了当前剖面视图中视图的深度,即在该值范围内的模型都将显示在剖面视图中,不修改其他参数,单击"确定"按钮应用设置值。进一步修改剖面视图是为后续绘制剖面图做好准备。

图 12-43　修改后剖面视图

12.4　绘制平面图

在 Revit 中完成项目视图设置后,可以在视图中添加尺寸标注、高程点、文字、符号等注释信息,进一步完成施工图设计中需要的注释内容。

在施工图设计中,按视图表达的内容和性质分为平面图、立面图、剖面图和大样详图等几种类型。本书前面的内容,已经完成楼层平面视图、立面视图和剖面视图的视图显示及视图属性的设置,下面结合教学楼项目,介绍如何再添加这些视图的施工图所需要的注释信息。

1. 绘制平面施工图

在平面视图中,需要详细表述总尺寸、轴网尺寸、门窗平面定位尺寸,以及视图中各构件图元的定位尺寸,还必须标注平面中各楼板、室内室外标高,以及排水方向、坡度等信息。一般来讲,对于首层平面图还必须添加指北针等符号,以指示建筑的方位,在 Revit 中可以在布置图样时添加指北针信息。

Revit 提供了对齐、线性、角度、径向、直径、弧长共 6 种不同形式的尺寸标注,如图12-44 所示,其中对齐尺寸标注用于相互平行的图元参照(如平行的轴线之间)之间的尺寸标注,而线性尺寸标注用于标注选定的任意两点之间的尺寸线。

与 Revit 其他对象类似,要使用尺寸标注,必须设置尺寸标注类型属性,以满足不同规范下施工图的设计要求。下面以教学楼项目为例介绍在视图中添加尺寸标注。

1)接前面练习。切换至"F1"楼层平面视图,注意设置视图控制栏中该视图比例为"1:100"。拖动各方向的轴线控制点,调整此视

图 12-44　尺寸标注

图中的轴线长度并对齐，以方便进行尺寸标注，在"注释"选项卡的"尺寸标注"面板中单击"对齐"标注工具，自动切换至"放置尺寸标注"选项卡，此时"尺寸标注"面板中的"对齐"标注模式被激活。

2）确认当前尺寸标注类型为"线性尺寸标注样式"，打开尺寸标注"类型属性"对话框，确认图形参数分组中尺寸"标注字符串类型"为"连续"；"记号"为"对角线3mm"；设置"线宽"参数线宽代号为"1"，即细线；设置"记号线宽"为"3"，即尺寸标中记号显示为粗线；确认"尺寸界线控制点"为"固定尺寸标注线"；设置"尺寸界线长度"为"8.0000mm"，"尺寸界线延伸"长度为"2.0000mm"，即尺寸界线长度为固定的8mm，且延伸2mm；设置"颜色"为"蓝色"；确认"尺寸标注线捕捉距离"为"8.0000mm"，其他参数如图12-45所示。注意：尺寸标注中"线宽"代号取自于"线宽"设置对话框"注释线宽"选项卡中设置的线宽值。

3）在文字参数分组中，确认"宽度系数"值为"1"，即不修改文字的宽高比，设置"文字大小"为"3.5000mm"，该值为打印后图纸上标注尺寸文字高度；设置"文字偏移"为"0.5000mm"，即文字距离尺寸标注线为0.5mm；设置"文字字体"为"宋体"，"文字背景"为"透明"；确认"单位格式"参数为"1235［mm］"（默认），即使用与项目单位相同的标注单位显示尺寸长度值；取消勾选"显示洞口高度"选项；如图12-45所示。完成后单击"确定"按钮，完成尺寸标注类型参数设置。

> ☀注意：当标注门、窗等带有洞口的图元对象时"显示洞口高度"选项将在尺寸标注线旁显示该图元的洞口高度。

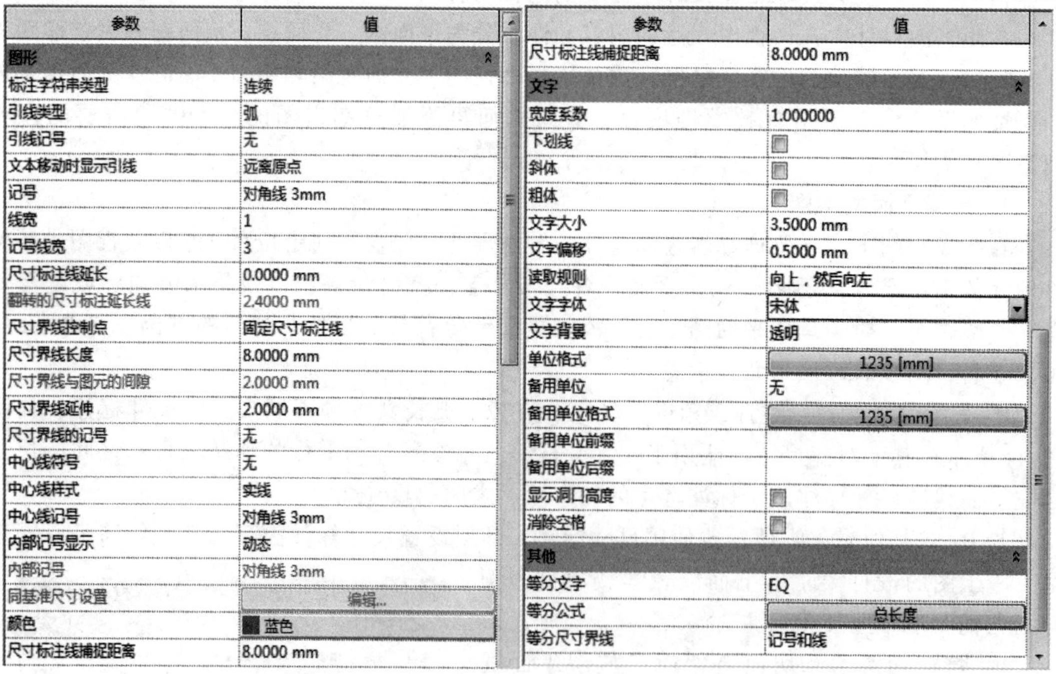

参数	值
图形	☆
标注字符串类型	连续
引线类型	弧
引线记号	无
文本移动时显示引线	远离原点
记号	对角线3mm
线宽	1
记号线宽	3
尺寸标注线延长	0.0000 mm
翻转的尺寸标注延长线	2.4000 mm
尺寸界线控制点	固定尺寸标注线
尺寸界线长度	8.0000 mm
尺寸界线与图元的间隙	2.0000 mm
尺寸界线延伸	2.0000 mm
尺寸界线的记号	无
中心线符号	无
中心线样式	实线
中心线记号	对角线3mm
内部记号显示	动态
内部记号	对角线3mm
同基准尺寸设置	编辑…
颜色	■蓝色
尺寸标注线捕捉距离	8.0000 mm

a)

参数	值
尺寸标注线捕捉距离	8.0000 mm
文字	☆
宽度系数	1.000000
下划线	☐
斜体	☐
粗体	☐
文字大小	3.5000 mm
文字偏移	0.5000 mm
读取规则	向上，然后向左
文字字体	宋体
文字背景	透明
单位格式	1235 [mm]
备用单位	无
备用单位格式	1235 [mm]
备用单位前缀	
备用单位后缀	
显示洞口高度	☐
消除空格	☐
其他	☆
等分文字	EQ
等分公式	总长度
等分尺寸界线	记号和线

b)

图12-45 尺寸类型属性

4）将四周轴网向外延伸拖动到合适位置（目的是给尺寸标注留出空间），若轴网无法拖动可能是因为进行了锁定，单击轴网附近"解锁"图钉图标即可解锁。确认选项栏中的尺寸标注，默认捕捉墙位置为"参照核心层表面"，尺寸标注"拾取"方式为"单个参照点"。如图12-46所示，依次单击教学楼南面轴线、门、窗洞口边缘，Revit在所拾取点之间生成尺寸标注预览，拾取完成后，向下方移动鼠标指针，当尺寸标注预览完全位于在教学楼南侧时，单击视图任意空白处完成第一道尺寸标注线。

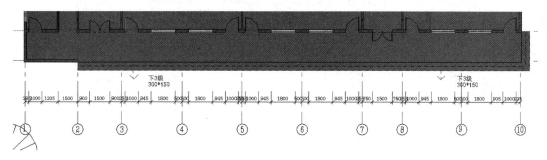

图 12-46　第一道尺寸标注线

继续使用"对齐"尺寸标注工具，依次拾取①~⑩轴线，拾取完成后移动尺寸标注预览至上一步创建的尺寸标注线下方；稍向下移动鼠标指针，当其与已有尺寸标注距离为尺寸标注类型参数中设置的"尺寸标注线捕捉距离"时，Revit会磁吸尺寸标注预览至该位置，单击放置第二道尺寸标注。继续依次单击①轴线、①轴线左侧垂直方向墙核心层外表面（拾取外表面时若不能直接拾取可按〈Tab〉键进行切换选择对象）、⑩轴线及⑩轴线右侧外墙核心层外表面，创建第三道尺寸标注，如图12-47所示。完成后按〈Esc〉键两次，退出放置尺寸标注状态。

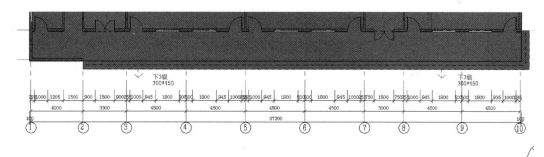

图 12-47　第二、三道尺寸标注线

适当放大⑩轴线右侧第三道尺寸界线，选择第三道尺寸标注线，Revit给出尺寸标注线操作控制夹点，按住"拖拽文字"操作夹点向右移动鼠标指针，移动尺寸标注文字位置至尺寸界线右侧，取消勾选"引线"选项，去除尺寸标注文字与尺寸标注原位置间的引线，尽量使文字不重叠，如图12-48所示。完成后按〈Esc〉

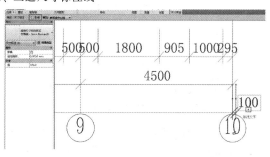

图 12-48　移动标注文字位置

键，退出修改尺寸标注状态。同时可检查其他标注，若存在密集或重叠，即可按此操作对标注进行操作。

5）根据上部分新建过滤器操作步骤，新建楼板过滤器，如图 12-49 所示，在"过滤器列表"中添加"楼板"过滤器，参数设置为"线图形：线宽 3、黑色、实线"；透明度设置为 100%，其他参数不进行修改。

图 12-49　新建楼板过滤器

6）同时参照上一步骤，完成其他位置的尺寸标注，并对植物、参照平面等在"可见性/图形替换"中对其可见性取消勾选，并对整体布局进行细微调整，完成后效果如图 12-50 所示。

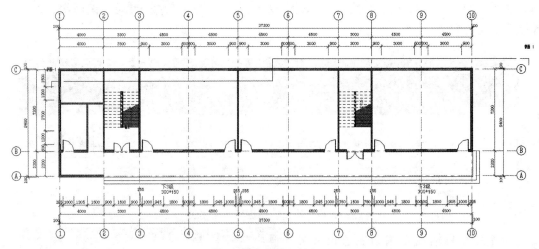

图 12-50　整体尺寸标注

添加尺寸标注后，将在标注图元间自动添加尺寸约束。可以修改尺寸标注值，修改图元对象之间的位置。选择要修改位置的图元对象，与该图元对象相关联的尺寸标注将变为蓝色，用使用临时尺寸标注类似的方式修改尺寸标注值，移动所选图元至新的位置。

使用尺寸标注的"EQ"（等分约束）保持窗图元间自动等分。选择尺寸标注，在尺寸标注下方出现"锁定"标记，单击该标记，可将该段尺寸标注变为锁定状态，将约束该尺寸标注相关的图元对象。当修改具有锁定状态的任意图元对象位置时，Revit 会移动所有与之关联的图元对象以保持尺寸标注值不变。将松散标记的尺寸标注解锁后，所有参照的几何图形也随之解锁，并取消约束。

2. 绘制立面施工图

处理立面施工图时，需要加粗立面轮廓线，并标注标高、门窗安装位置的详细尺寸线。下面以教学楼项目南立面为例，在 Revit 中完成立面施工图的一般步骤操作流程。

1）接上一节练习。切换至南立面视图，打开"可见性/图形替换"将植物、参照平面等参数取消勾选，并对轴网及标高端头向两侧拖动，放置合适位置。位置拖动完成后进入标高的"编辑类型"功能栏，将端点 1 符号进行勾选，将南立面左右两端标头全部显示，完成效果如图 12-51 所示。

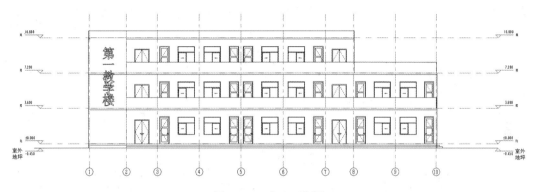

图 12-51 南立面视图

2）在"修改"选项卡的"编辑线处理"面板中单击"线处理"工具，系统自动切换至"线处理"选项卡，设置"线样式"类型为"宽线"；在南立面视图中沿立面投影外轮廓依次单击，修改视图中投影对象边缘线类型为"宽线"，如图 12-52 所示，完成后按〈Esc〉键，退出线处理模式。

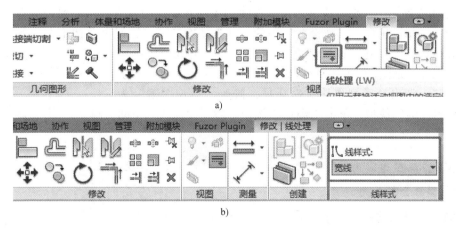

图 12-52 线样式设置

3）适当延长底部轴线长度。使用"对齐"标注工具，确定当前尺寸标注类型为"固定尺寸界线标注线"，标注①轴线及①轴线左侧墙核心层外表面、⑩轴线及⑩轴线右侧墙核心层外表面。使用"对齐"尺寸标注工具，沿右侧标高标注立面标高、窗安装位置，作为立面第一道尺寸标注线；标注各层标高间距离，作为立面第二道尺寸标注线；标注"室外地坪"标高、和"F5"标高作为第三道尺寸标注线。继续细化标注其他需要在立面中标注的尺寸标注，如图 12-53 所示。

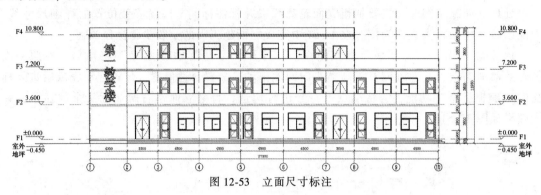

图 12-53　立面尺寸标注

4）使用"高程点"工具（位于上部"注释"工具区），设置当前类型为"立面空心"；拾取生成立面各层窗底部、顶部标高，如图 12-54 所示。

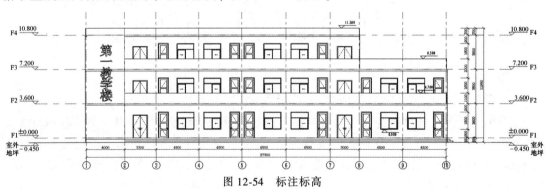

图 12-54　标注标高

5）由于立面图中一般不应显示出标高线的中间线段，因此应对中间线段进行隐藏。打开"管理"菜单，选择"其他设置"中的"线形图案"工具，调出"线形图案属性"对话框，单击"新建"按钮，设置"名称"为"bg"的线型图案属性，如图 12-55 所示。单击任意标高线，在"属性"面板中单击"编辑类型"，调出"类型属性"对话框，修改"线型图案"为刚才创建的"bg"线型，单击"确定"按钮，隐藏标高线的中间线段，如图 12-56 所示。

> **注意**："线型图案属性"中的"空间"数值需要试验，使其显示情形符合要求。

6）在"注释"选项卡的"文字"面板中单击"文字"工具，系统自动切换至"放置文字"选项卡，设置当前文字"类型"为"宋体 3mm"；打开文字"类型属性"对话框，如图 12-57 所示，修改"图形"参数分组中的"引线箭头"为"实心点 3mm"，设置"线宽"代号为"1"，其他参照图 12-57 所示，完成后单击"确定"按钮，退出"类型属性"对话框。

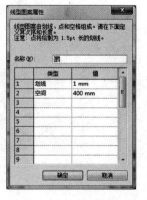

图 12-55　设置标高线型图案

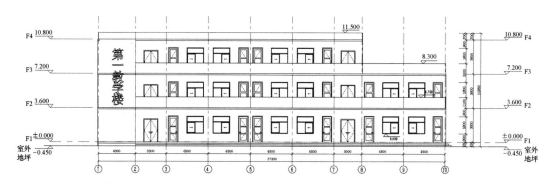

图 12-56　隐藏中间段标高线

7）如图 12-58 所示，在"放置文字"选项卡中，设置"对齐"面板中文字水平对齐方式为"左对齐"，设置"引线"面板中文字引线方式为"二段引线"。

图 12-57　文字类型属性设置

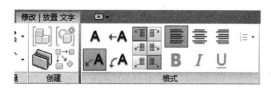

图 12-58　文字对齐方式

8）在南立面视图中，在"F1"③轴~④轴之前的窗户位置单击鼠标作为引线起点，垂直向上移动鼠标指针，绘制垂直方向引线，在女儿墙上方单击生成第一段引线，再沿水平向方向向右移动鼠标并单击绘制第二段引线，进入文字输入状态；输入"双层推拉组合窗"，完成后单击空白处任意位置，完成文字输入，同样，在左侧竖向墙体处标注"1.5 英寸方形褐色外墙瓷砖"，完成后结果如图 12-59 所示。

3.绘制剖面施工图

剖面施工图与立面施工图类似，可以直接在剖面视图中添加尺寸标注等注释信息，完成剖面施工图表达。下面以教学楼项目"剖面1"为例，说明在 Revit 中完成剖面施工图的方法。

1）接上一节练习。切换至"剖面1"视图，在"可见性/图形替换"中勾选尺寸标注和轴网显示，调节视图中轴线、轴网。使用对齐尺寸标注工具，按图 12-60 所示添加尺寸标注。

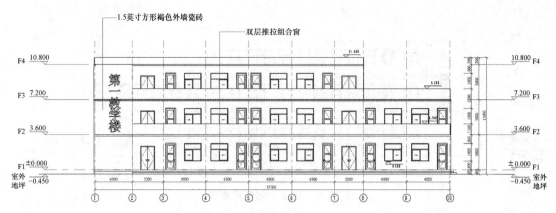

图 12-59 注释立面文字

2）使用"高程点"工具，确认当前高程点编辑类型字体为"宋体"；依次拾取楼梯休息平台顶面位置，添加楼梯休息平台高程点标高。

3）使用"对齐"尺寸标注工具，标注楼梯各梯段高度，结果如图 12-60 所示。

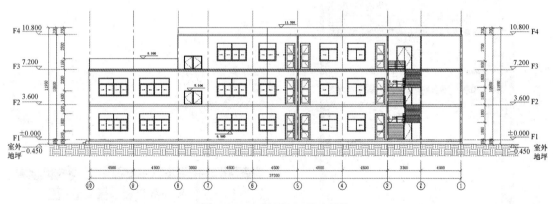

图 12-60 "剖面 1"尺寸标注

4）选择上一步中创建的尺寸标注。单击"F1"第一梯段标注文字，弹出"尺寸标注文字"对话框，如图 12-61 所示。设置前级为"150×12＝"，完成后单击"确定"按钮，退出"尺寸标注文字"对话框，修改后尺寸显示为"150×12＝1800"，如图 12-61 所示。

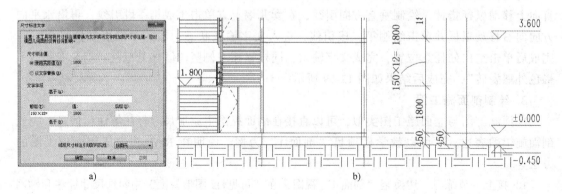

图 12-61 前缀尺寸标注

4）另外，可以用文字替换的方式进行标注值替换，按同样的方法打开"尺寸标注文字"对话框，设置"尺寸标注值"方式为"以文字替换"，并在其后文字框中输入"150×12＝1800"，完成后单击"确定"按钮，退出"尺寸标注文字"对话框，Revit将以文字替代尺寸标注值，如图12-62所示。

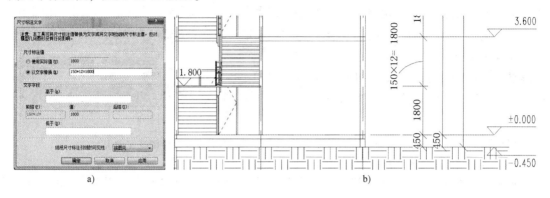

a)   b)

图12-62　以文字替换标注

12.5　创建详图索引及详图视图

详图绘制有三种方式，即"纯三维""纯二维"及"三维+二维"。对于某些楼梯详图、卫生间等一些详图，由于模型建立时信息基本已经完善，可以通过详图索引直接生成，此时索引视图和详图视图模型图元是完全关联的。对于一些节点大样，如屋顶挑檐，大部分主体模型已经建立，只需在详图视图中补充一些二维图元即可，此时索引视图和详图视图的三维部分是关联的。在实际工作中，大部分情况下都是采用"三维+二维"的方式来完成设计，下面将对这种详图的创建方法进行详细说明。

Revit提供了详图索引工具，可以将现有视图进行局部放大，用于生成索引视图，并在索引视图中显示模型图元对象。下面继续使用详图索引工具为教学楼项目生成索引详图，并完成详图设计。

1）接上一节练习。切换至"F1"楼层平面视图。在"视图"选项卡的"创建"面板中单击"详图索引"工具，系统自动切换至"详图索引"选项卡。

2）设置当前详图索引类型为"楼层平面"，打开"类型属性"对话框，修改"族"为"系统族：详图视图"，单击"复制"按钮，复制出名称为"教学楼—详图视图索引"的新详图索引。如图12-63所示，单击"详图索引标记"右侧的"值"，修改为"详图索引标头"，"剖面标记"不做修改，修改"参照标签"为"参照"。完成后单击"确定"按钮，退出"类型属性"对话框。

> 💡注意：**"剖面标记"参数用于控制详图索引，并使剖切面在"相交视图"显示到标记样式中。**

3）首先适当放大教学楼左侧部分卫生间，单击"插入"选项栏中的"载入族"，依次单击"建筑、卫生器具、2D（此处2D与3D区别为：2D只在平面图显示而3D可在平面和三维视图显示）、常规卫浴、蹲便器、蹲间-单个 2D"载入蹲便器后再载入小便斗族，依次单击"建筑、卫生器具、2D、常规卫浴、小便斗、小便斗-多个有隔断 2D"。载入完成后选择"建筑"选项卡内的"放置构件"，在"属性"栏下拉菜单中选择"蹲间-单个 2D"，并编辑类型属性将"宽度"修改为1170mm，依次将卫生器具按图 12-64a所示位置放置。

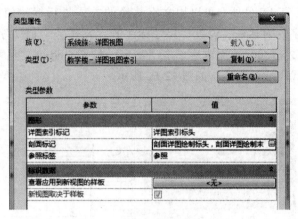

图 12-63　设置详图视图索引（一）

确认当前索引类型为"教学楼-详图视图索引"；不勾选"参数其他视图"选项。放大卫生间视图，按图 12-64b 所示位置作为卫生间外侧对角线绘制索引范围。Revit 在项目浏览器中自动创建"详图视图"视图类别，并创建名称为"详图 0"的详图视图。生成视图后，可以通过"属性"面板或视图控制栏及视图样板的方式调节详图索引视图的比例。

> **提示：** 在项目浏览器中，Revit 将根据视图的类型名称组织视图类别。例如，在本例中，由于使用的详图索引的类型名称为"教学楼-详图视图索引"，因此在项目浏览器中，将生成"详图视图（教学楼-详图视图索引）"视图类别。

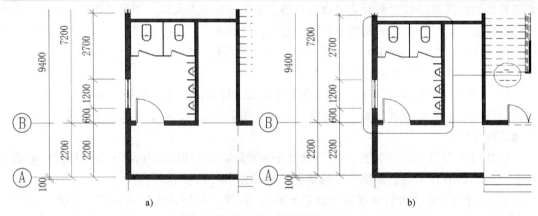

图 12-64　设置详图视图索引（二）

a）设置详图视图索引　b）绘制详图索引范围

4）切换至"详图 0"视图。精确调节视图裁剪范围框，在视图中仅保留卫生间部分。单击底部视图控制栏中的"隐藏裁剪区域"按钮（图 12-65a），关闭视图裁剪范围框。使用按类别标记、尺寸标注来标注该详图视图，配合使用详图线、自由标高符号等二维工具，完成卫生间大样的标注（具体标注可根据实际项目情况进行，此处仅大致介绍操作流程），结果如图 12-65b 所示。

> **注意：** 注释对象位于"注释裁剪"范围框内才会显示。

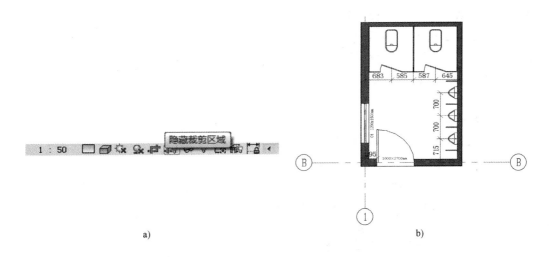

a)   b)

图 12-65　设置详图视图索引（三）

5）在"视图"选项卡的"图形"面板中单击"视图样板"下拉菜单中的"管理视图样板"工具，打开"视图样板"对话框，新建"建筑平面-详图视图"样板，将"视图比例"修改为 1∶50，单击"V/G 替换模型"后的"编辑"按钮，打开此视图样板的"可见性/图形替换"对话框，勾选右下角"替换主体层"栏中的"截面线样式"选项，使其后的"编辑"按钮变得可用。单击"编辑"按钮，打开"主体层线样式"对话框，修改"结构［1］"功能层"线宽"代号为"3"，即显示为粗线，修改其他功能层的"线宽"代号为"1"，即显示为细线；确认"线颜色"均为"黑色"，"线型图案"均为"实线"，如图 12-66 所示。设置完成后单击两次"确定"按钮，返回"视图样板"对话框。采用同样的方法和参数新建"建筑剖面-详图模式"样板并进行修改，为后面的剖面详图绘制做准备。

图 12-66　设置详图视图属性

6）不选择任何图元，"属性"面板中将显示当前视图属性。确定实例参数图形参数分

组中的"显示在"选项为"仅父视图",修改
标记数据参数分组中的"视图名称"为"卫
生间大样",修改"默认视图样板"为"建筑
平面图-详图视图",单击"应用"按钮应用上
述设置。

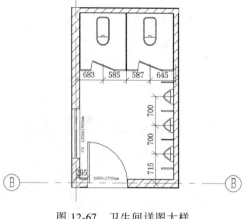

7)切换至刚创建的"卫生间大样"详图
视图,如图 12-67 所示,在项目浏览器中的
"卫生间大样"视图名称上单击鼠标右键,从
弹出的菜单中选择"应用样板属性"。应用后,
"卫生间大样"详图视图将按视图样板内的设置
重新生成图面表达,墙、结构柱等将被正确填充
(切换为隐藏线模式能将线型更清晰地体现)。

图 12-67　卫生间详图大样

12.6　统计门窗明细表及材料

使用"明细表/数量"工具可以按对象类别统计并列表显示项目中各类模型图元信息。
例如,可以统计项目中所有门、窗图元的宽度、高度、数量等。下面继续完成教学楼项目中
门、窗构件的明细表统计,并学习明细表统计的一般方法。

12.6.1　创建门明细表

1)根据需要定义任何形式的明细表。在"视图"选项卡的"创建面板"中单击"明细
表"工具下拉菜单,在菜单中选择"明细表/数量"工具,弹出"新建明细表"对话框,如
图 12-68 所示,在"类别"列表中选择"门"对象类型,即本明细表将统计项目中门对象
类别的图元信息;修改明细表名称为"教学楼-门明细表",确认明细表类型为"建筑构件
明细表",其他参数默认,单击"确定"按钮,打开"明细表属性"对话框。

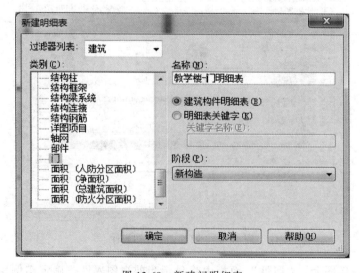

图 12-68　新建门明细表

2）如图 12-69 所示，在"明细表属性"对话框的"字段"选项卡中，"可用的字段"列表中显示门对象类别中所有可以在明细表中显示的实例参数和类型参数，依次在列表中选择"类型""宽度""高度""注释""合计"和"框架类型"参数，单击"添加"按钮，添加到右侧的"明细表字段（按顺序排列）"列表中。在"明细表字段（按顺序排列）"列表中选择各参数，单击"上移"或"下移"按钮，按图中所示顺序调节字段顺序，该列表中从上至下顺序反映了明细表从左至右各列的显示顺序。

注意： 并非所有图元实例参数和类型参数都能作为明细表字段。族中自定义的参数中，仅使用共享参数的才能在明细表中显示。

3）切换至"排序/成组"选项卡，设置"排序方式"为"类型"，排序顺序为"升序"；勾选"逐项列举每个实例"选项，即 Revit 将按门"类型"参数值在明细表中汇总显示各已选字段，如图 12-70 所示。

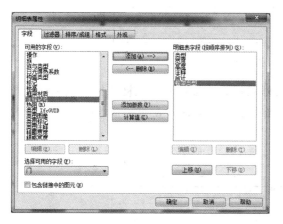

图 12-69　门明细表属性字段

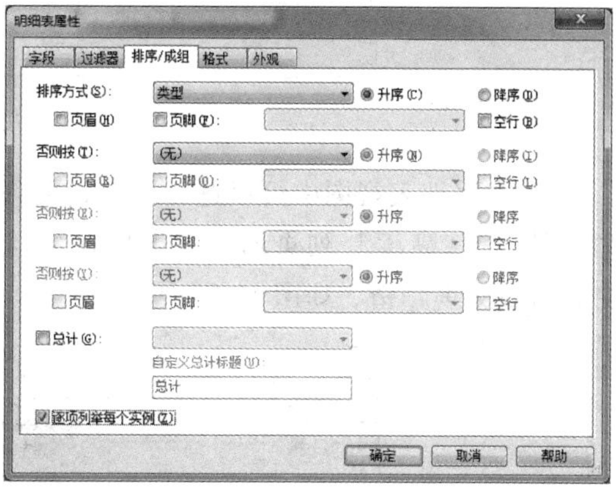

图 12-70　排序/成组设置

4）切换至"外观"选项卡，如图 12-71 所示，确认勾选"网格线"选项，设置网格线样式为"细线"；勾选"轮廓"选项，设置轮廓线样式为"中粗线"，取消勾选"数据前的空行"选项；确认勾选"显示标题"和"显示页眉"选项，分别设置"标题文本"、"标题"和"正文"样式为"宋体 3mm"，单击"确定"按钮，完成明细表属性设置。

5）Revit 自动按指定字段建立名称为"教学楼-门明细表"新明细表视图，并自动切换至该视图，如图

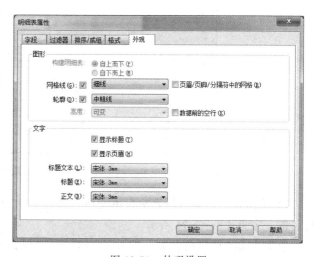

图 12-71　外观设置

12-72所示，并自动切换至"修改明细表/数量"选项卡。仅当将明细表放置在图纸上后，"明细表属性"对话框中的"外观"选项卡中定义的外观样式才会发挥作用。

图 12-72　门明细表

6）在明细表视图中可以进一步编辑明细表外观样式，按住鼠标左键并拖动鼠标，选择"宽度"和"高度"列页眉，右击鼠标，调出光标菜单，选择"使页眉成组"命令，合并生成新表头单元格，如图 12-73 所示。

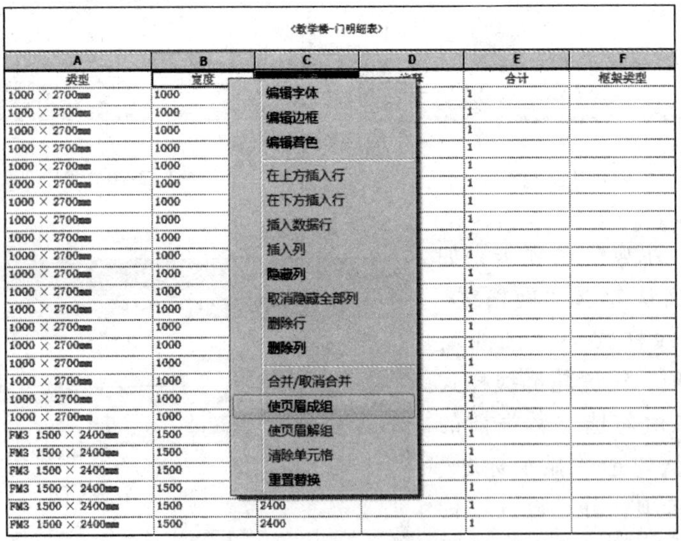

图 12-73　页眉成组

7）单击合并生成的新表头行单元格，进入文字输入状态，输入"尺寸"作为新页眉表头名称，结果如图 12-74 所示。

单击表头各单元格名称，进入文字输入状态后，可以根据设计需要修改各表头名称。

选择行后，可以单击"明细表"面板中"删除"按钮来删除明细表中的门类型，但要

〈教学楼-门明细表〉					
A	B	C	D	E	F
	尺寸				
类型	宽度	高度	注释	合计	框架类型
1000×2700mm	1000	2700		1	
1000×2700mm	1000	2700		1	
1000×2700mm	1000	2700		1	
1000×2700mm	1000	2700		1	
1000×2700mm	1000	2700		1	
1000×2700mm	1000	2700		1	
1000×2700mm	1000	2700		1	
1000×2700mm	1000	2700		1	

图 12-74　输入页眉表头名称

注意 Revit 将同时从项目模型中删除图元，请谨慎操作。其他操作不再述。可以在明细表中添加计算公式，从而利用公式计算窗洞口面积。

8）在"教学楼-窗明细表"的"属性"对话框中，单击"字段"选项卡后的"编辑"按钮，可以调出"明细表属性"对话框。单击"计算值"按钮，弹出"计算值"对话框，如图 12-75 所示，输入字段"名称"为"洞口面积"，设置"类型"为"面积"，单击"公式"后的"…"按钮，打开"字段"对话框，选择"宽度"及"高度"字段，形成"宽度＊高度"公式，然后单击"确定"按钮，返回"明细表属性"对话框，修改"洞口面积"字段位于列表最下方，单击"确定"按钮，返回明细表视图。

图 12-75　设置"洞口面积"字段

9）如图 12-76 所示，Revit 将根据当前明细表中各窗宽度和高度值计算洞口面积，并按项目设置的面积单位显示洞口面积。

Revit 允许将任何视图（包括明细表视图）保存为单独 RVT 文件，用于与其他项目共享视图设置。单击"应用程序菜单"按钮，在列表中选择"另存为"→"库"→"视图"选项，弹出"保存视图"对话框，如图 12-77 所示。

在"保存视图"对话框中选择显示视图类型为"显示所有视图和图纸"，在列表中勾选要保存的视图，单击"确定"按钮即可将所选视图保存为独立的 RVT 文件，如图 12-78 所

<教学楼-门明细表>

A	B	C	D	E	F	G
		尺寸				
类型	宽度	高度	注释	合计	框架类型	洞口面积
1000 × 2700mm	1000	2700		1		2.70
1000 × 2700mm	1000	2700		1		2.70
1000 × 2700mm	1000	2700		1		2.70
1000 × 2700mm	1000	2700		1		2.70
1000 × 2700mm	1000	2700		1		2.70
1000 × 2700mm	1000	2700		1		2.70
1000 × 2700mm	1000	2700		1		2.70
1000 × 2700mm	1000	2700		1		2.70

图 12-76　添加并计算洞口面积

示，或在项目浏览器中右键单击要保存的视图名称，在弹出的菜单中选择"保存到新文件"，也可将视图保存为 RVT 文件。

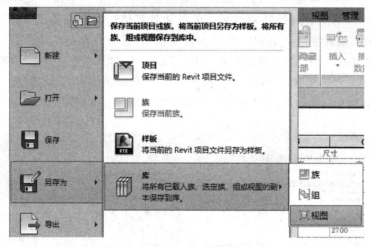

图 12-77　保存视图选项

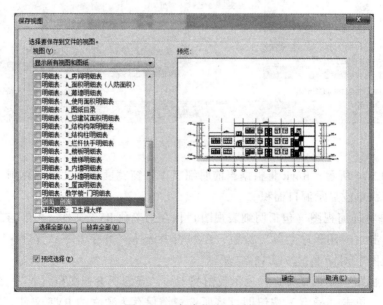

图 12-78　保存视图对话框

Revit 仅会保存视图属性设置而不会保存视图中的模型对象的图形内容。对于包含重复详图、详图线、区域填充等详图构件的视图，在保存视图时这些详图构件将与视图同时保存，用于与其他项目共享详图。使用"从文件插入""插入文件中的二维图元"选项即可插入这些保存的图元。

Revit 中"明细表/数量"工具生成的明细表与项目模型相互关联，明细表视图中显示的信息源自 BIM 模型数据库。可以利用明细表视图修改项目中模型图元的参数信息，以提高修改大量具有相同参数值的图元属性时的效率。

12.6.2 材料统计

材料的数量是项目施工采购或项目概预算的基础，Revit 提供了"材质提取"明细表工具，用于统计项目中各对象材质生成材质统计明细表。"材质提取"明细表的使用方式与上一节中介绍的"明细表/数量"类似。下面使用"材质提取"统计教学楼项目中的墙材质。

1）接上一节练习。单击"视图"选项卡"创建"面板中的"明细表"工具下拉菜单，在菜单中选择"材质提取"工具，弹出"新建材质提取"对话框，如图 12-79 所示，在"类别"列表中选择"墙"类别，输入明细表名称为"教学楼-墙材质明细"，单击"确定"按钮，打开"材质提取属性"对话框，该对话框与上一节中介绍的"明细表属性"对话框非常相似。

2）依次添加"材质：名称"和"材质：体积"至明细表字段列表中，然后切换至"排序/成组"标签，设置排序方式为"材质：名称"；不勾选"逐项列举每个实例"选项，单击"确定"按钮，完成明细表属性设置，生成"教学楼-墙材质明细"明细表。注意明细表已按材质名称排列，但"材质：体积"单元格内容为空白。

3）打开明细表视图"属性"内"其他"的对话框，单击"格式"参数后的"编辑"按钮，打开"材质

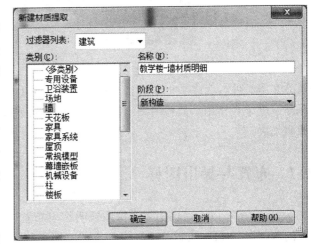

图 12-79 新建墙材质提取

提取属性"对话框，并自动切换至"格式"选项卡，如图 12-80 所示。在"字段"列表中选择"材质：体积"字段，勾选"计算总数"选项，单击"确定"按钮两次，返回明细表视图。

注意：单击"字段格式"按钮可以设置材质体积的显示单位、精度等，默认采用项目单位设置。

4）Revit 会自动在明细表视图中显示各类材质的汇总体积，如图 12-81 所示。使用"应用程序菜单"→"导出"→"报告"→"明细表"选项，可以将所有类型的明细表导出为以逗号

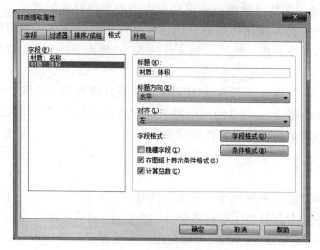

图 12-80　材质提取-格式

<教学楼-墙材质明细>

A	B
材质:名称	材质:体积
教学楼-外墙瓷砖	4.98
教学楼内粉	8.11
砌体 – 普通砖 75x225mm	197.50

图 12-81　墙材质明细表

分隔的文本文件。大多数电子表格应用程序如 Excel 可以很好地支持这类文件,将其作为数据源导入电子表格中。其他明细表工具的使用方式都基本类似,学员可以根据需要自行创建各种明细表。

12.7　布置与导出图样

在 Revit 中可以将项目中多个视图或明细表布置在同一个图纸视图中,形成用于打印和发布的施工图。Revit 可以将项目中的视图、图样打印或以 CAD 的文件格式导出,并与其他非 Revit 用户进行数据交换。

12.7.1　布置图样

使用 Revit 的"新建图样"工具可以为项目创建图纸视图,指定图样使用的标题栏族(图框)并将指定的视图布置在图纸视图中形成最终的施工图。下面继续完成教学楼项目图样布置。

1)在"视图"选项卡的"图纸组合"面板中单击"图纸"工具,弹出"新建图纸"对话框,如图 12-82 所示,单击"载入"按钮,载入光盘"标题栏、A0 公制"族文件。确认"选择标题栏"列表中选择"A0 公制",单击"确定"按钮,以 A0 公制标题栏创建新图纸视图,并自动切换至该视图,该视图组织在"图纸(全部)"视图类别中。该图纸视图自动命名为"J0-11"。

2）在"视图"选项卡的"图纸组合"面板中单击"视图"工具，弹出"视图"对话框，在视图列表中列出当前项目中所有可用视图，如图 12-83 所示，选择"楼层平面：F1"，单击"在图纸中添加视图"按钮，Revit 给出"F1"楼层平面视图范围预览，确认选项栏"在图纸上旋转"选项为"无"，当显示视图范围完全位于标题栏范围内时，单击放置该视图。

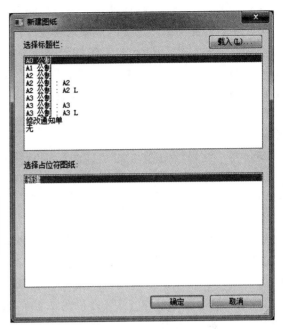

注意： 在图纸中添加视图时，也可以通过直接拖曳选择视图方式进行添加。

3）在图纸中放置称为"视口"（视图底部横线），Revit 自动在视图底部添加视口标题，默认将以该视图的视图名称命名该视口。

图 12-82　新建图纸对话框

4）打开本视图的"剪裁视图"功能，让剪裁框去除多余的图元信息，使图面更加规整。注意：本视图中的"剪裁视图"已在"F1"楼层平面视图中设置。

5）选择图样视图中的视口标题，打开"类型属性"对话框，复制新建名称为"教学楼-视图标题"的新类型；确认"显示标题"选项为"是"，取消勾选"显示延伸线"选项，其他参数如图 12-84 所示，完成后单击"确定"按钮，退出"类型属性"对话框。

图 12-83　选择视图

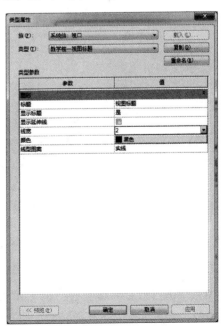

图 12-84　视图标题属性

6）选择视口标题，按住并拖动视口标题至图纸中间位置。

7）在新建的图纸中选择刚才放入的视口，打开视口"属性"对话框，修改"图纸上的标题"为"一层平面图"，注意图样编号（软件中为"图纸编号"）和图样名称（软件中为"图纸名称"）参数已自动修改为当前视图所在图纸的信息，如图 12-85 所示，单击"应用"按钮完成设置，注意图样视图中视口标题名称同时修改为"一层平面图"。

8）在"注释"选项卡的"详图"面板中单击"符号"工具，在属性栏下拉菜单查看是否有"指北针"符号，若没有，点击"载入族"，单击路径"注释、符号、建筑、指北针2"载入，再单击"符号"在属性栏中找到"指北针2"，单击进入"放置符号"选项卡。设置当前符号类型为"指北针"，在图样视图左下角空白位置单击放置指北针符号。

图 12-85　修改标题名称

9）拖拽已编辑好的"F2"楼层平面视图，并相应修改标题名称，输入其他相关信息，并拖拽之前导出的门明细表及材质明细表放入本图框中完成本视图，如图 12-86 所示。

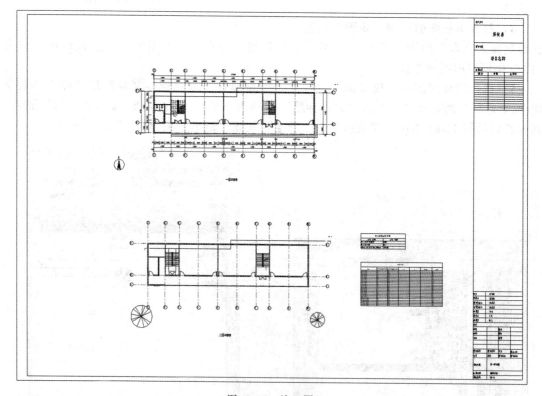

图 12-86　施工图

10）单击图框右侧属性栏会显示系列图框及标题栏属性，如图样名称、图样编号、作者等参数。学员可按要求在属性栏中将参数进行编辑并应用，完成后数据可同步到图框及标题栏内。

12.7.2 导出 CAD 图

一个完整的建筑项目必须要求与其他专业（如结构、给水排水）设计人员共同合作完成。因此使用 Revit 的用户必须能够为这些设计人员提供 CAD 文件格式的数据。Revit 可以将项目图样或视图导出为 DWG、DXF、DGN 及 SAT 等格式的 CAD 数据文件，方便为使用 AUTOCAD、Microstation 等 CAD 工具的设计人员提供数据。下面以最常用的 DWG 数据为例来介绍如何将 Revit 数据转换为 DWG 数据。虽然 Revit 不支持图层的概念，但可以设置各构件对象导出 DWG 时对应的图层，以方便在 CAD 中的运用。

1）接上一节练习。单击"应用程序菜单"按钮，在列表中选择"导出"→"选项"→"导出设置 DWG/DXF"选项，打开"修改 DWG/DXF 导出设置"对话框，如图 12-87 所示，该对话框中可以分别对 Revit 模型导出为 CAD 时的图层、线形、填充图案、字体、CAD 版本等进行设置。在"层"选项卡列表中指定各类对象类别及其子类别的"投影"和"截面"图形在导出 DWG/DXF 文件时对应的"图层"名称及线型"颜色 ID"。进行图层配置有两种方法，一种是根据要求逐个修改图层的名称、线颜色等，另一种是通过加载图层映射标准进行批量修改。

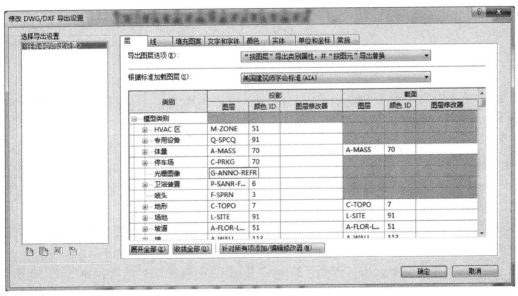

图 12-87 DWG/DXF 导出设置一层

2）单击"根据标准加载图层"下拉列表按钮，Revit 提供了 4 种国际图层映射标准，以及从外部加载图层映射标准文件的方式。选择"从以下文件加载设置"，在弹出的对话框中选择相应的标准文件并配置文件，然后退出选择文件对话框。

> 提示：可以单击"另存为"按钮，将图层映射关系保存为独立的配置文本文件。

3）继续在"修改 DWG/DXF 导出设置"对话框中选择"填充图案"选项卡，打开填充图案映射列表。默认情况下，Revit 中的填充图案在导出为 DWG 时选择的是"自动生成填充图案"，即保持 Revit 中的填充样式不变，但是可能存在个别材质的填充图案在导出为

DWG后出现无法被AutoCAD识别为内部填充图案，从而造成无法对图案进行编辑的情况。要避免这种情况，可以单击填充图案对应的下拉列表，选择合适的AutoCAD内部填充样式即可，如图12-88所示。

图12-88　修改填充图案

4）可以继续在"修改DWG/DXF导出设置"对话框中对需要导出的线形、颜色、字体等进行映射配置，设置方法和填充图案类似，学员可以自行尝试。

5）单击"应用程序菜单"按钮，在列表中选择"导出CAD格式"→"DWG"，打开"DWG导出"对话框，如图12-89所示，对话框左侧顶部的"选择导出设置"确认为"（任务中的导出设置）"，即前几个步骤进行的设置，在对话框右侧"导出"中选择"任务中的视图/图纸集"，在"按列表显示"中选择"集中的所有视图和图纸"，即显示当前项目中的所有图样，在列表中勾选要导出的图样即可。双击图样标题，可以在左侧预览视图中预览图样内容。

6）完成后单击"下一步"按钮，打开"导出CAD格式"对话框，如图12-90所示，指定文件保存的位置、DWG版本格式和命名的规则，单击"确定"按钮，即可将所选择图样导出为DWG数据格式。如果希望导出的文件采用AutoCAD外部参照模式，请勾选对话框中的"将图样上的视图和链接作为外部参照导出"，此处设置为不勾选。

7）使用"外部参照方式"方式导出后，Revit除了将每个图样视图导出为独立的与图样视图同名的CAD文件外，还将单独导出与图样视图相关的视口为独立的CAD文件，并以外部参照的方式链接至与图样视图同名的CAD文件中。要查看CAD文件，仅需打开与图样视图同名的CAD文件即可。

注意：导出时，Revit还会生成一个与所选择图样、视图同名的PEP文件。该文件用于记录导出CAD图的状态和图层转换的情况，使用记事本可以打开该文件。

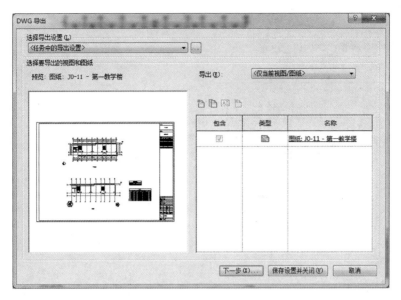

图 12-89　DWG 导出

图 12-90　导出 CAD 格式对话框

8) 除导出为 CAD 格式的文件外，还可以将视图和模型分别导出为二维和三维的 DWF 文件格式。DWF 文件全称为 Drawing Web Format（Web 图形格式），是由 Autodesk 开发的一种开放、安全的文件格式，它可以将丰富的设计数据高效地分发给需要查看、评审或打印这些数据的使用者。DWF 文件高度压缩，因此它比设计文件更小，传递起来更加快速，它不需要用户安装 AutoCAD 或 Revit 软件，只需要安装免费的 Design Review 即可查看二维或三维 DWF 文件。

导出 DWF 文件的方法非常简单，只需单击"应用程序菜单按钮"，在选项中选择"导出 DWF/DWFx"，弹出"DWF 导出设置"窗口，如图 12-91 所示。在该对话框中选择要导出的视图，设置 DWF 属性和项目信息即可。

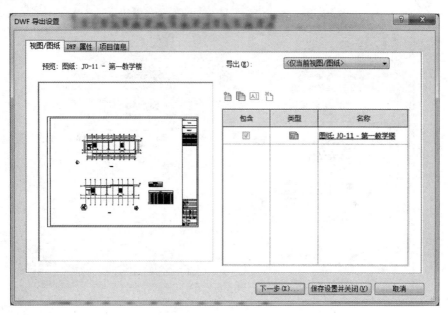

图 12-91　导出 DWF 文件设置

目前 DWF 数据支持两种数据格式：DWF 和 DWFx。其中 DWF 格式的数据在 Vista 或以上版本的系统中可以不需要安装任何插件，可直接在 Windows 系统中像查看图片一样查看该格式的图形文件内容。目前，Autodesk 公司的所有产品包括 CAD 在内均支持 DWF 格式数据文件的导出操作。

9）完成项目设计后，可以在管理面板中使用"清除未使用项"工具，清除项目中所有未使用的族和族类型，以减小项目文件的体积。在"管理"选项卡的"设置"面板中单击"清除未使用项"工具，打开"清除未使用项"对话框，如图 12-92 所示。在对象列表中，勾选要从项目中清除的对象类型，单击"确定"按钮，即可从项目中消除所有已选择的项目内容。

10）打开项目文件夹，比较同一项目在"清除未使用项"前后两个文件大

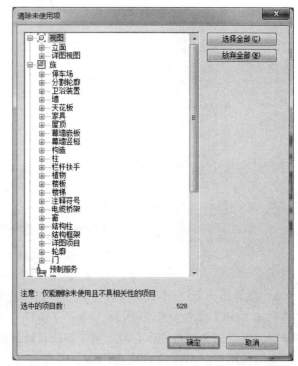

图 12-92　清除未使用项

小的差别，可以发现，使用"清除未使用项"工具清除无效信息后，文件大小减小了许多，这是因为进行此项操作可以从项目中移除未使用的视图、族和其他对象，以提高性能，并减小文件的大小。因此，完成项目后，一般都应该进行"清除未使用项"操作。

习 题

12-1 明细表中字段参数应放为首位的参数是（   ）。

A. 类型　　　　　B. 标高　　　　　C. 族名称　　　　　D. 高度

12-2 下列选项中不属于导出类别格式的是（   ）。

A. TXT 文本格式　　　　　　　　B. DWG 格式

C. GPG 格式　　　　　　　　　　D. DOC 文档格式

12-3 根据图 12-93 所示图样式要求建立图纸类型。

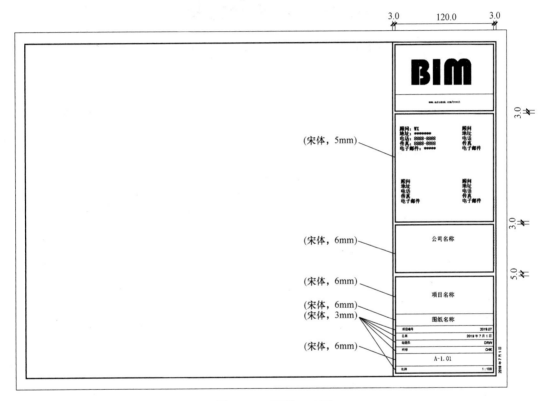

图 12-93　习题 12-3 图

第13章

BIM的应用实践

> **实训目标**：了解 BIM 模型完成后对接实际工程项目的应用，对 BIM 技术在项目各阶段应用进行概括和总结。

BIM 模型是一个完善的信息模型，它能够连接建筑项目生命期不同阶段的数据、过程和资源，是对工程对象的完整描述，可被建设项目各参与方普遍使用。BIM 具有单一工程数据源，可解决分布式、异构工程数据之间的一致性和全局共享问题，支持建设项目生命期中动态的工程信息创建、管理和共享。同时，BIM 支持建筑、结构、机电多专业协同作业，具有可视化、协调性、模拟性、优化性、可出图性等特点。因此，本章将介绍 BIM 模型在设计、施工、竣工等不同建造阶段的实际应用，并不局限于此教学楼模型的建立。

13.1 BIM 在设计阶段的应用实践

1. 项目数据集成和管理

BIM 在设计阶段的优势是毋庸置疑的，它是一个可视化的三维模型，和以往的二维设计软件 CAD 不同，在 BIM 模型里，它包含我们需要的信息；模型和信息自动关联，一处修改则处处修改；可以自动提取设计数据，如面积、边长、标高等，并且能提资给各个专业，它在这中间的作用就是一个数据管理者。

2. 可行性研究

通过 BIM 三维模型，可直观地检查建筑设计的外观效果、功能布局、能见度等，确保其的合理性、可行性，包括展示及对比不同的项目设计方案、测绘项目四周建筑物及道路的大小及位置、能见度模拟分析等。

3. 互动设计审查（三维校审）

通过直观的 BIM 模型，在设计阶段就可以预见建筑完成之后的状态，而不是像传统设计要等到建筑施工完成后才能看到建筑的具体形态，业主方在了解设计效果之后，可对设计不满意部分和不满足自己需求的部分提出意见，从而对设计图进行修改完善，以达到提升设计质量的目的，还可以减少不同人因对图样理解不同而造成的信息损失。可采用三维浏览互通审查设计内容，如图 13-1 所示。

4．施工图设计

项目图样的生成，是一项烦琐费时的工作，尤其是复杂的、曲折化的、坡度化的构件的CAD制图，设计人员很难甚至无法精确绘制出来。但是，应用BIM进行设计使其成为很简单的事情。在本书第12章中介绍了施工图出具的具体方法，通过设计精确的三维模型，从模型中可以直接生成项目的平、立、剖面视图以及详图大样，这是BIM的特点之一。

在BIM模型的基础上，可以对建筑的墙、屋面、楼板等的面积信息以及各个交点的高程点信息实现自动计算，并导出计算指标。在后期对建筑功能的修改过程中，其信息也自动更新改变，这与传统制图每更改一次模型就需要对这些相关数据重新进行计算不同。BIM设计在这一过程为设计师节约了大量的时间，同时也避免了错误的产生。设计模型三维视图如图13-2所示，平面图如图13-3所示，剖面图如图13-4所示，预留/预埋深化设计如图13-5所示。

图 13-1　三维浏览互通设计

图 13-2　设计模型三维视图

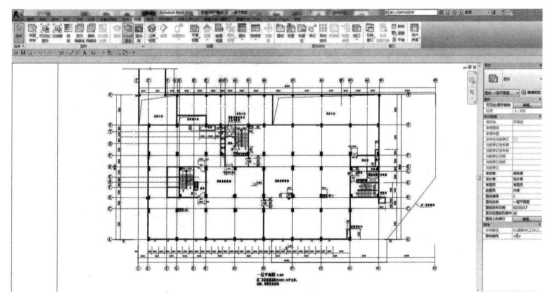

图 13-3　平面图

5．设计变更及变更管理

项目在建造的过程中可能存在变更，这是无法全面预料的，发生变更的时间和因素也是无法掌控的，但科学的变更管理可以减少变更带来的工期和成本的增加。

在施工阶段，即使发生变更，也可通过共享 BIM 模型，用 BIM 进行管理，从而实现对设计变更的有效管理和动态控制。通过设计模型文件数据关联和远程更新，建筑信息模型随设计变更而即时更新，消除信息传递障碍，减少设计师与业主、监理、承包商、供应商间的信息传输和交互时间，从而使索赔签证管理更有时效性，实现造价的动态控制和有序管理。例如，原方案中楼梯 6 层和设备层是三跑楼梯，1~5 层是双跑楼梯，出于此方案承重问题难以解决的考虑，6 层和设备层变更为双跑楼梯，如图 13-6 所示。

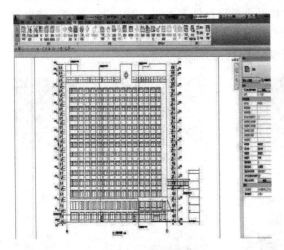

图 13-4　剖面图

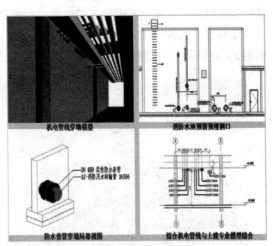

图 13-5　预留/预埋深化设计

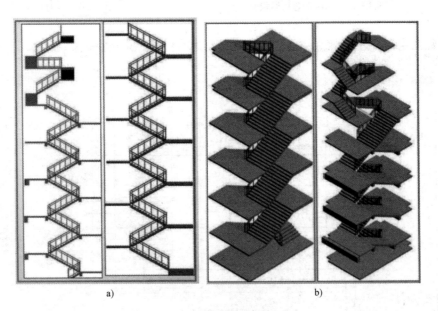

a)　　　　　　　　　　　　　　　　b)

图 13-6　楼梯变更方案

6. 结构预留洞设计

通过项目的管线综合设计进行优化布置，对于需要穿墙打洞的区域提前做好布置和洞口设计，避免后期安装时需要大量临时打孔的工作。

13.2 BIM在施工阶段应用实践

1. 施工图全专业模型搭建、图样审查

根据施工图，搭建全专业BIM模型。利用BIM技术三维模型的先天优势，直观、快速、全面、准确地检查出BIM模型中"错、漏、碰、缺"等各种设计问题，最大限度地降低施工返工节省成本。据统计，在图样审查方面，采用BIM可实现以下效益：

1）约排除90%图样错误。

2）约减少60%返工，减少相应材料耗损。

3）约节省10%左右的工程进度。

4）大幅提高模型精度，提高合约算量效率。

以某项目为例，利用BIM模型审图的问题记录如图13-7和图13-8所示。

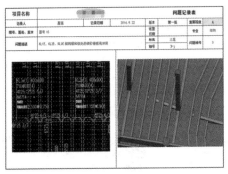

图13-7 土建专业图样审查问题记录

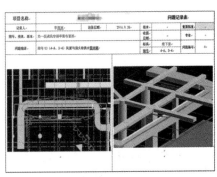

图13-8 机电专业图样审查问题记录

2. 管线综合优化

将各机电专业链接的三维BIM整体模型进行检查。首先将各专业的管线以不同的图层、不同的颜色区分，方便控制与辨识，然后进行机电管线综合平衡协调，复核管线的走向，调整管线与管线之间、管线与建筑结构之间的间距，纠正管线之间的交叉等错误。

整合建立好的BIM模型后，通过Navisworks精细化碰撞检查，生成模型碰撞报告，如图13-9所示。通过ID查询，针对管线排布的具体情况对碰撞位置手动进行调整。

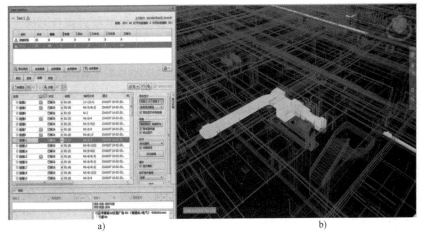

a)   b)

图13-9 碰撞检查

同时，对于管线排布复杂、存在净空不足等问题的区域进行管线优化排布，并通过局部三维视图、剖面图进行施工技术交底，如图 13-10 所示。

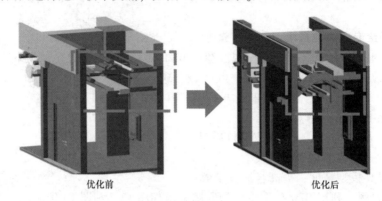

优化前　　　　　　　　　　　　　　优化后

图 13-10　管综优化

3. 技术交底

技术交底是工程技术档案资料中不可缺少的重要组成部分，传统的技术交底往往流于形式，文字宣传枯燥乏味，内容陈旧，不够形象、直观生动。应用 BIM 三维模型的先天优势，形象直观地将施工方案及工艺的内容以视频或三维图片的方式进行表达，以此对施工管理人员及施工班组作业人员进行可视化的交底，提高交底的有效性，进而提升技术管理水平，如图 13-11 所示。

4. 三维场地布置

基于 BIM 的三维场地布置为科学规划施工场地、优化资源调配提供了很好的解决方案。通过 BIM 技术，动态规划生活办公区、材料加工区、仓库、材料堆放场地、施工道路、大型机械设备等的布置，可以直观反映施工现场情况，减少施工用地，保障现场运输道路畅通。

图 13-11　施工方案可视化展示

实施项目多位于城市，空间有限，临建布置的合理性是保障项目按计划实施的基础。同时，需考虑项目及配套工程施工过程中对周边建筑、道路、交通等环境的影响。在施工前，建立 BIM 三维场布模型进行可视化功能区间分析，如图 13-12 所示，以此为基础，科学、合理地进行三维场地布置，并可对应导出临建工程量清单。

5. 进度模拟

将建立的 BIM 数据与项目的施工进度计划相关联，将空间信息与时间信息整合在一个可视的 4D（3D +

立体场地规划，优化布置方案

三维场地布置模型　　　　　　现场施工场地布置

图 13-12　场地布置

Time）模型中，不仅可以直观、精确地反映整个建筑的施工过程，还能够实时追踪当时的进度状态，分析影响进度的因素，协调各专业，制定应对措施，以缩短工期、降低成本、提高质量。

通过 4D 施工进度模拟，能够完成以下工作内容：基于 BIM 模型，对工程重点和难点的部位进行分析，制定切实可行的对策；依据模型确定方案，排定计划，划分流水段；将周和月结合在一起，假设后期需要任何时间段的计划，只需在这个计划中设置过滤即可自动生成，做到对现场的施工进度进行每日管理，如图 13-13 所示。

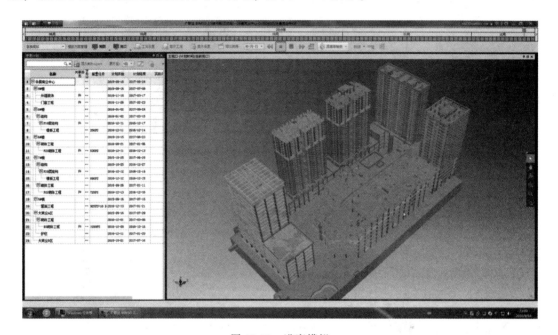

图 13-13　进度模拟

6. 施工方案模拟

依据 BIM 技术可视化的特性，在计算机中对项目的专项技术方案进行模拟，通过方案的比选优化，发现技术方案和施工工艺的缺陷并加以修改，决定出最佳的施工方案。同时通过方案预演及风险分析，对方案中的人力、物力、工期等进行精确计算，实现虚拟建造的真正价值。楼梯支模、梁柱节点支模方案模拟如图 13-14 所示。

7. 现场管理

采用移动设备（如 iPad）与项目管理平台相结合的方式，以 BIM 模型为基础，在施工现场管理的工作中通过现场数据采集、上传和共享，项目各参建方可以便捷、及时地通过项目管理平台对项目的现场情况了解和沟通。现场采集的数据与 BIM 模型中对应的节点位置进行一一绑定，管理人员便可方便地查看工程的进度、质量、安全等内容的实时情况。对现场问题的反馈及更改指导也可以通过这种基于 BIM 技术的管理模式进行指令下达以及监督执行。BIM5D 管理应用如图 13-15 所示。

8. 工程量统计

在施工过程中，通过制定满足《建设工程工程量清单计价规范》要求的 BIM 扣减规则，按规则对 BIM 模型进行工程量提取和统计。结合 BIM5D 平台的使用，通过对完工部

图 13-14　楼梯支模、梁柱节点支模方案模拟

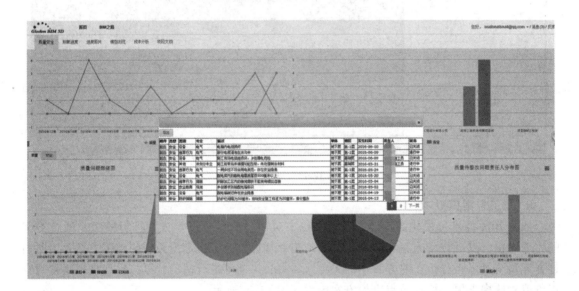

图 13-15　BIM5D 管理应用

分的模型进行筛选统计，辅助项目的工程结算，较大程度地提高了项目工程计量决算的效率和精度，减少审批流程的同时也减少了纠纷。基于 BIM5D 的工程量辅助结算如图 13-16 所示。

9. 物料跟踪

通过 BIM 模型的搭建及工程构件、材料、属性等信息的录入，参与建设的工程材料在入场时便具有了它独有的工程数据。将物料的自身信息通过 BIM 软件导出，再通过 RFID 技术的应用生成对应的二维码，并将二维码张贴至物资材料上，便可以通过服务器数据库和移动扫码设备相结合对项目的物料进行跟踪管理，如图 13-17 所示。

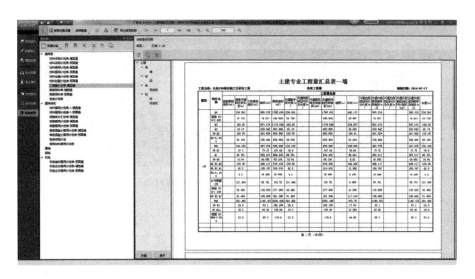

图 13-16 基于 BIM5D 的工程量辅助结算

对于重要构、部件，可以
自定义二维码信息，添加
如验收日期、验收人员或
其他信息。

图 13-17 二维码生成、现场扫码

13.3 BIM 在竣工阶段的应用实践

根据项目施工过程的数据累计及模型的持续更新，最终形成项目的 BIM 模型。对比传统的竣工图，竣工模型能更直观、准确、快速地找寻物件的所有相关信息，理解现场环境；能省去不必要的翻阅资料、查阅图形和学习认识的时间。所以对比传统 2D 的竣工图与文档模式，竣工模型在实现共享信息、协同管理、提高运营效率上有优势。因为建筑周期从设计到施工完成，中间产生的海量变更信息，都可以详细地存储在模型中，并且实时更新。模型内含的项目信息不仅为后续的物业管理带来便利，并且可以在未来进行的翻新、改造、扩建过程中为业主及项目团队提供有效的历史信息。

通过 BIM 模型直观的三维表达和查看的便捷性，可以避免查阅大量二维图样的烦琐工作，为项目的竣工验收提高效率和准确度。BIM 模型与现场模型的对比如图 13-18 所示。

图 13-18　BIM 模型与现场模型的对比

习　题

13-1　在建筑工程的不同阶段，对应有不同深度的 BIM。LOD300 通常应用于以下哪个阶段？（　　）

A. 概念设计　　　　　B. 方案设计　　　　　C. 施工图设计　　　　　D. 竣工图模型

13-2　在下列应用点中，属于 BIM 运维阶段应用的是哪个选项？（　　）

A. 施工图深化　　　　B. 模型搭建　　　　　C. 结构分析　　　　　D. 空间管理

13-3　下列关于 BIM 在项目中的应用解释正确的是哪个选项？（　　）

A. BIM 就是三维模型　　　　　　　　　B. 有三维模型之后则不需要二维图纸

C. 有三维模型之后同样需要二维图纸　　D. 5D 施工模拟在设计阶段应用

附　录

附录 1　Revit 常用快捷键

命令	快捷键	命令	快捷键
阵列	AR	修改	MD
缩放	RE	文字	TX
解锁	UP	墙（建筑）	WA
锁定	PN	门	DR
删除	DE	窗	WN
对齐	AL	放置构件	CM
移动	MV	结构柱	CL
偏移	OF	楼板（结构）	SB
复制	CO/CC	模型线	LI
镜像-拾取轴	MM	模型组（创建组）	GP
镜像-绘制轴	DM	房间	RM
旋转	RO	标记房间	RT
修改/延伸为角	TR	标高	LL
拆分图元	SL	轴网	GR
正在编辑请求	ER	参照平面	RP
可见性/图形	VV/VG	结构框架:梁	BM
渲染	RR	结构框架:支撑	BR
渲染库	RG	结构梁系统	BS
细线	TL	结构基础	FT
层叠窗口	WC	对齐尺寸标注	DI
平铺窗口	WT	高程点	EL
快捷键	KS	详图线	DL
项目单位	UN	属性	PP/Ctrl+1/VP
匹配类型属性	MA	查找/替换	FR
填色	PT	按类别标记	TG
应用连接段切割	CP	荷载	LD
删除连接段切割	RC	调整分析模型	AA

（续）

命令	快捷键	命令	快捷键
拆分面	SF	重设分析模型	RA
Cloud 渲染	RC	重新载入最新工作集	RL/RW
图形显示选项	GD	创建类似	CS
重复上一个命令	RC/Enter	隐藏类别	HC
区域放大	ZR/ZZ	永久隐藏图元	EH
最近点	SN	永久隐藏类别	VH
中心	SC	缩放全部以匹配	ZA
光线追踪	RY	线处理	LW
垂足	SP	添加到组	AP
关闭替换	SS	从组中删除	RG
关闭捕捉	SO	附着详图组	AD
缩放两倍	ZO/ZV	完成	FG
端点	SE	取消	CG
重设临时隐藏/隔离	HR	编辑组	EG
移动到项目	MP	解组	UG
隔离图元	HI	链接	LG
激活第一个下文选项卡	Ctrl+	图形由视图中的类别 替换:切换半色调	VOH
恢复所有已排除成员	RA	编辑尺寸界线	EW
隔离类别	IC	取消隐藏图元	EU
恢复已排除构件	RB	取消隐藏类别	VU
替换视图中的图形:按图元替换	EOD	切换显示隐藏图元模式	RH
线框	WF	缩放匹配	ZE/ZF/ZX
工作平面网格	SW	缩放图样大小	ZS
定义新的旋转中心	R3	对象模式	3D
关闭	SZ	中点	SM
二维模式	32	象限点	SQ
隐藏图元	HH	日光设置	SU
图形由视图中的类别替换切换假面	VOG	选择全部实例(在整个项目中)	SA
交点	SI	切点	ST
带边缘着色	SD	隐藏线	HL
捕捉到点云	PC	点	SX

附录 2 需要显示彩图的二维码

图 2-10 图 2-11 图 2-17 图 5-8 图 5-9 图 5-14 图 5-15

图 5-28 图 6-1 图 6-9 图 6-10 图 6-11 图 6-24 图 6-33

图 6-37 图 7-1 图 7-4 图 7-6 图 7-7 图 7-9 图 7-14

图 7-17 图 8-13 图 8-18 图 8-20 图 9-31 图 10-5 图 10-11

图 10-12 图 10-15 图 10-18 图 10-19 图 10-21 图 10-22 图 11-29

图 11-32 图 11-39 图 11-42 图 11-50 图 11-51 图 11-52 图 12-11

图 12-30 图 13-1 图 13-2 图 13-5 图 13-7 图 13-8 图 13-9

图 13-10 图 13-11 图 13-12 图 13-13 图 13-14 图 13-16 图 13-18

参 考 文 献

［1］ 何关培. BIM 总论 ［M］. 北京：中国建筑工业出版社，2011.

［2］ 何关培，李刚. 那个叫 BIM 的东西究竟是什么 ［M］. 北京：中国建筑工业出版社，2011.

［3］ 廖小烽，王君峰. Revit 2013/2014 建筑设计火星课堂 ［M］. 北京：人民邮电出版社，2013.